『计算机实用技能丛书』

# 零基础学PPT

云飞◎编著

中国商业出版社

图书在版编目（CIP）数据

零基础学PPT / 云飞编著. -- 北京 : 中国商业出版社，2021.3
（计算机实用技能丛书）
ISBN 978-7-5208-1545-1

Ⅰ. ①零… Ⅱ. ①云… Ⅲ. ①图形软件 Ⅳ. ①TP391.412

中国版本图书馆CIP数据核字(2020)第260248号

责任编辑：管明林

中国商业出版社出版发行

010-63180647　www.c-cbook.com

（100053　北京广安门内报国寺1号）

新华书店经销

三河市冀华印务有限公司印刷

*

710毫米×1000毫米　16开　10印张　200千字

2021年3月第1版　2021年3月第1次印刷

定价：49.80元

* * * *

（如有印装质量问题可更换）

# 前 言

PowerPoint 2019 官方版是 Microsoft Office 2019 的组件之一，是一款非常好用的幻灯片演示文稿制作工具。想要制作精美的幻灯片演示文稿吗？那么不妨试试 PowerPoint 2019 中文版。该款工具拥有海量的特色功能，增加了更多丰富多彩的界面特效动画功能，也增加了部分新函数功能，功能更加完善，性能操作也更加快速有效。

本书是帮助 PowerPoint（简称“PPT”）初学者快速入门的好帮手！

## 本书特色

1. 从零开始、循序渐进

本书由浅入深、循序渐进地以通俗易懂的讲解方式，帮助初学者快速掌握 PPT 的各种操作技能。

2. 内容全面

对于初学者来说，本书内容基本涵盖了 PPT 方方面面的知识和操作技能。

3. 理论为辅，实操为主

本书注重基础知识与实例紧密结合，偏重实际操作能力的培养，以便帮助读者加深对基础知识的领悟，并快速获得 PPT 的各种操作技能和技巧。

4. 通俗易懂，图文并茂

本书文字讲解与图片说明一一对应，以图析文，将所讲解的知识点清楚地反映在对应的图片上，一看就懂，一学就会。

本书将帮助初学者快速掌握 PPT 的各种使用技能与技巧，提高工作效率，提升职场竞争力。

## 本书内容

本书科学合理地安排了各个章节的内容，结构如下：

第 1 章：PPT 快速入门；

第 2 章：PPT 版式设计；

第 3 章：PPT 字体搭配；

第 4 章：图片制作攻略；

第 5 章：利用形状点缀 PPT；

第 6 章：表格与图表的魅力；

第 7 章：音频与视频在 PPT 中的妙用；

第 8 章：人人都爱看动画；

第 9 章：PPT 分享与素材获取。

## 读者对象

急需提高工作效率的职场新手；

加班效率低，日常工作和 PPT 为伴的行政人事人员；

渴望升职加薪的职场老手；

各类文案策划人员；

高职院校和办公应用培训班学生。

## 致谢

本书由北京九洲京典文化总策划，云飞编著。在此向所有参与本书编创工作的人员表示由衷的感谢，更要感谢购买本书的读者，您的支持是我们最大的动力，我们将不断努力，为您奉献更多、更优秀的作品！

云飞

# 目 录

## 第 9 章 PPT 分享与素材获取

# 第 1 章

# PPT 快速入门

本章导读

1.1　PowerPoint 2019 新增功能及应用

1.2　启动与新建 PowerPoint 文档

1.3　打开、保存与关闭 PowerPoint 文档

1.4　PowerPoint 的窗口组成

1.5　演示文稿视图

1.6　演示文稿及其操作

1.7　怎样快速在窗格之间移动

1.8　怎样增强演示文稿的安全性

1.9　清除最近打开的文档

1.10　为 PPT 设置访问密码

1.11　将常用的命令添加到快速访问工具栏中

1.12　鼠标操作术语说明

# 1.1 PowerPoint 2019 新增功能及应用

Microsoft Office 是由 Microsoft（微软）公司开发的一套基于 Windows 操作系统的办公软件套装。常用组件有 Word、Excel、PowerPoint 等。从 Office 97 到 Office 2019，我们的日常办公已经离不开 Office 的帮助。

Office 2019 是对过去三年在 Office 365 里所有新功能更新进行整合打包的一个独立版本，这次最大的变化是 Office 2019 仅支持 Windows 10 系统，不再支持 Windows 7、Windows 8 以及更早的系统，否则只能使用 Office 2016。

PowerPoint 2019 官方版是 Microsoft Office 2019 的组件之一，是一款非常好用的幻灯片演示文稿制作工具。想要很好的制作精美的幻灯片演示文稿吗？那么不妨试试 PowerPoint 2019 中文版。该款工具拥有海量的特色功能，增加了更多丰富多彩的界面特效动画功能，也增加了部分新函数功能，功能更加完善，性能操作也更加快速有效。

那么，PowerPoint 2019 具有哪些功能特点和用途呢？

## 1.1.1 PowerPoint 新增功能

### 1. 线插入图标

单击 PowerPoint 2019 的【插入】|【图标】，可以很容易地为 PPT 添加一个图标。在制作 PPT 时会使用一些图标，PowerPoint 2019 中增加了在线图标插入功能，可以一键插入图标，就像插入图片一样，如图 1–1 所示。而且所有的图标都可以通过 PowerPoint 填色功能直接换色，还可以拆分后分项填色。

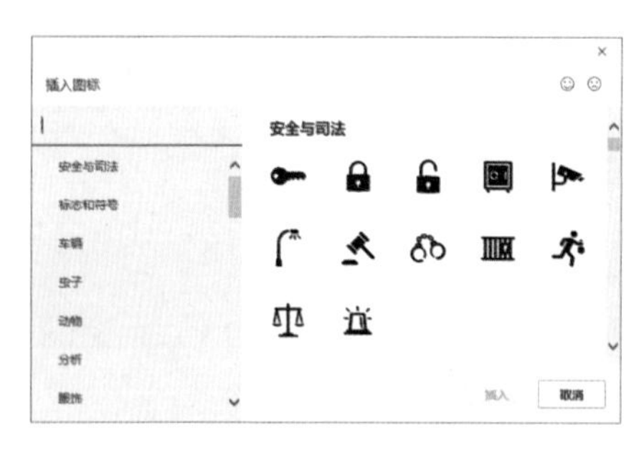


图 1–1

### 2. 增加墨迹书写

PowerPoint 2019 增加了墨迹书写功能，如图 1–2 所示。可以随意使用笔、色块等在幻灯片上进行涂鸦，而且还内置了各种笔刷，可以自行调整笔刷的色彩及粗细，还可以将墨迹直接转换为形状，供后期编辑使用。

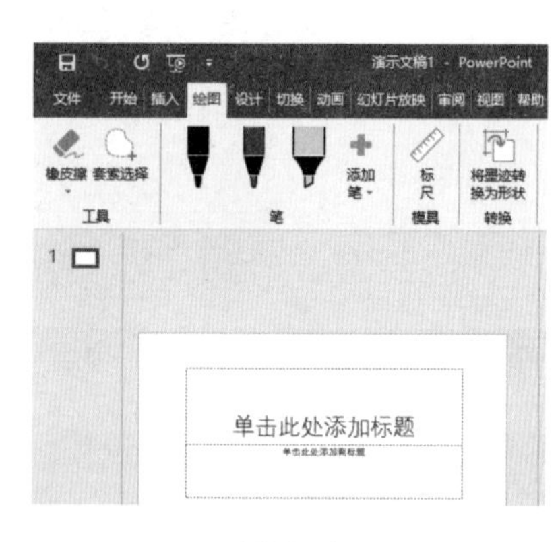


图 1–2

要打开墨迹书写功能，方法如下：

（1）单击左上角的【自定义快速访问工具栏】按钮，在弹出菜单中单击【其他命令】选项，如图 1–3 所示。

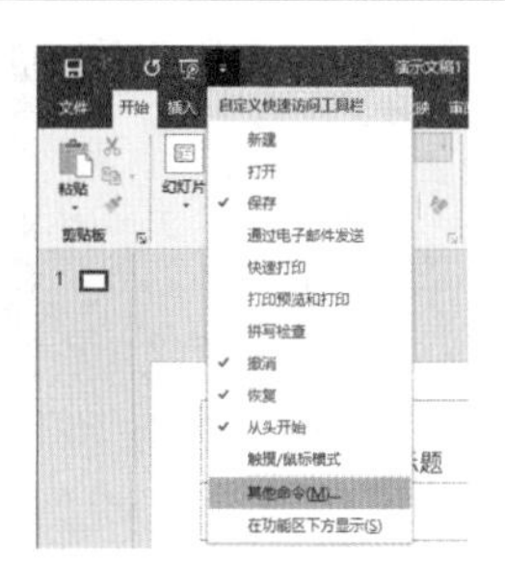


图 1-3

（2）在打开的【PowerPoint 选项】对话框中，选中【自定义功能区】选项，然后选中【绘图】复选项，如图 1-4 所示。

（3）单击【确定】按钮，然后选择【绘图】菜单，就可以使用墨迹书写功能了。

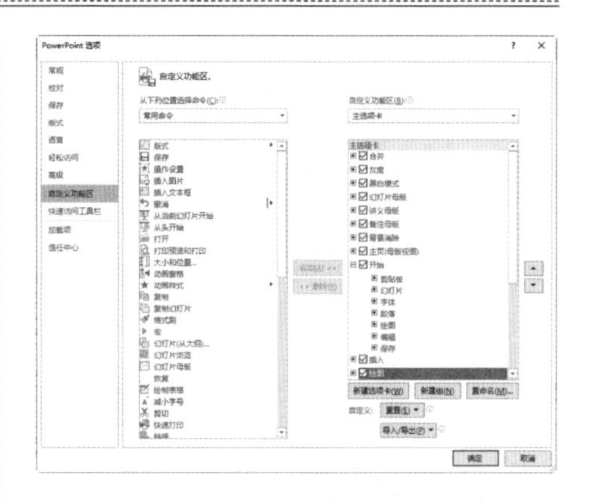

图 1-4

更多新功能请读者自己体验，这里不逐一做介绍。

### 1.1.2 PowerPoint 的应用

目前，国际领先的 PPT 设计公司有 Theme Gallery、Powered Templates、Presentation Load 等。中国的 PPT 应用水平逐步提高，应用领域越来越广，PPT 正成为人们工作生活的重要组成部分，在工作汇报、企业宣传、产品推介、婚礼庆典、项目竞标、管理咨询、教育培训等领域有着举足轻重的地位。

用 PowerPoint 制作的电子演示文稿是一个完整的文件，由电子幻灯片组成，其文件后缀为 .PPTX（新版）或 .PPT（旧版）。

一套完整的 PPT 文件一般包含片头、动画、PPT 封面、前言、目录、过渡页、图表页、图片页、文字页、封底、片尾动画等；所采用的素材有文字、图片、图表、动画、声音、影片等；其内容均为与主题相关的素材、备注、演示大纲以及解说词等。

用 PowerPoint 制作的电子演示文稿可以放映出图文并茂、色彩丰富、表现力和感染力极强的幻灯片。

下面列举一下 PowerPoint 的具体用途：制作电子相册；制作各类产品演示文稿、产品说明书、工作汇报文稿、管理咨询报告、电子课件、策划书、竞标书、广告宣传片、动画演示等各类静态的文稿、动态的幻灯片或动画等。

## 1.2 启动与新建 PowerPoint 文档

在 PowerPoint 2019 中，可以选择新建空白文档和根据模板新建文档。

### 1.2.1 启动 PowerPoint

可以通过如下方法来启动 PowerPoint。

方法 1：用鼠标左键单击 Windows 10 的开始按钮，单击字母 P 列表下的【PowerPoint】，就可以启动 PowerPoint，如图 1–5 所示。

图 1–5

方法 2：通过创建桌面快捷方式来启动。操作步骤如下：

（1）用鼠标左键单击 Windows 10 的开始按钮，右键单击字母 P 列表下的【PowerPoint】，在弹出菜单中选择【更多】|【打开文件位置】命令，如图 1–6 所示。此时打开了 Office 安装文件夹，Word、Excel 和 PowerPoint 执行文件就在这里，如图 1–7 所示。

图 1–6

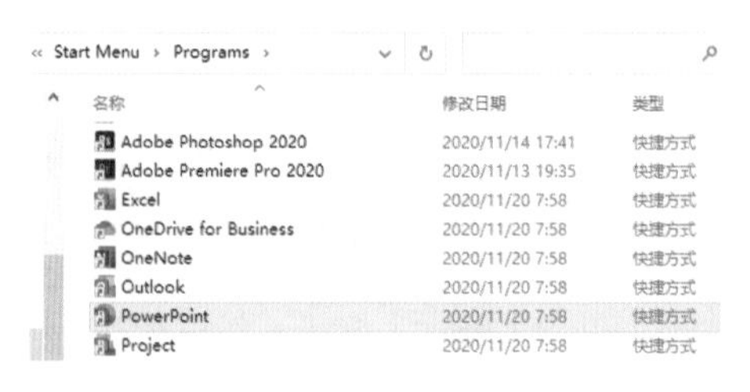


图 1–7

（2）使用鼠标右键单击 PowerPoint，依次在弹出菜单中选择【发送到】|【桌面快捷方式】命令，如图 1–8 所示。桌面上就会有 PowerPoint 快捷方式图标，如图 1–9 所示。

图 1–8

图 1–9

以后直接双击桌面上的 PowerPoint 快捷方式图标，就可以启动 PowerPoint 了。

## 1.2.2 新建 PPT 空白演示文稿

方法 1：启动 PowerPoint，在开始屏幕中可以看到最近使用的 PPT 文档，单击右侧【新建】下的【空白演示文稿】图标按钮，如图 1–10 所示。

图 1–10

方法 2：在已经进入 PowerPoint 工作界面后，单击【自定义访问工具栏】按钮，在打开的下拉菜单中选择【新建】，如图 1–11 所示。然后在顶端右侧的【自定义访问工具栏】按钮的左侧，就会出现一个【新建】图标按钮，如图 1–12 所示。单击该按钮，就可以创建一个空白演示文稿。

方法 3：在 Windows 桌面或文件夹空白处，使用鼠标右键单击，在弹出菜单中选择【新建】|【Microsoft PowerPoint 演示文稿】命令即可，如图 1–13 所示。

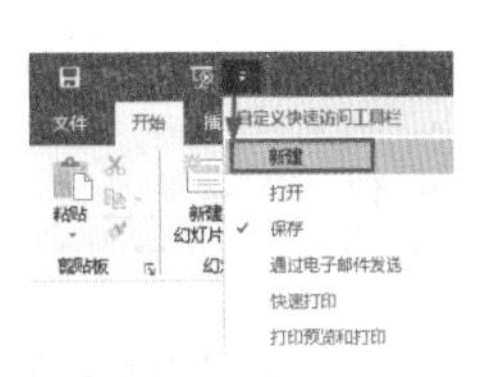


图 1–11

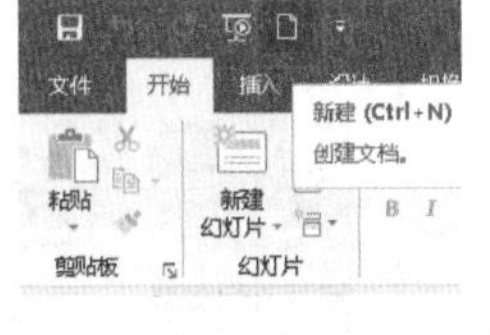


图 1–12

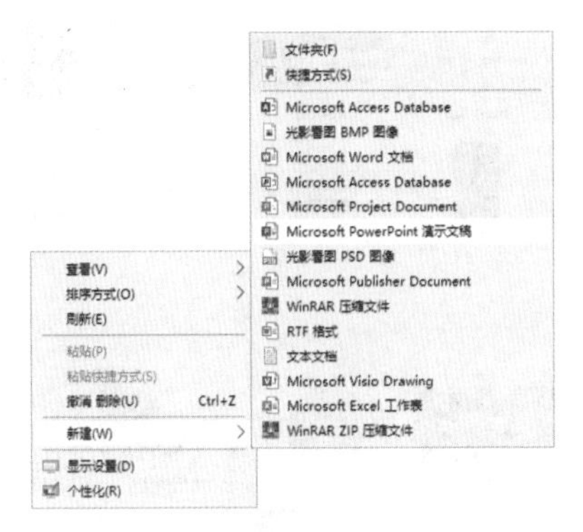


图 1–13

## 1.2.3 根据模板新建 PPT 文档

可以根据现有的模板来创建 PPT 文档。这样操作的好处是，可以使用模板中现有的格式，以节约大量的工作时间。

操作方法：

（1）启动 PowerPoint 或在 PowerPoint 中单击【文件】选项卡，然后单击【更多主题】链接按钮，如图 1–14 所示。

（2）界面就变成了如图 1–15 所示的样子，右下位置列出了大量内置的 PPT 演示文稿模板。单击其中的某一项，就可以创建以基于该项的样式为基础的演示文稿。

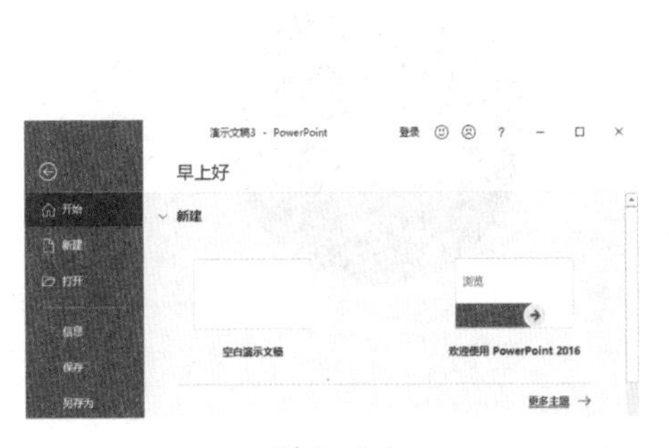


图 1–14

图 1–15

（3）如果没有找到想要的演示文稿模板，可以在【搜索联机模板和主题】搜索框中输入【清单】，然后单击【开始搜索】按钮进行搜索，如图 1–16 所示。PowerPoint 就会列出所有的联机演示文稿模板，这些模板都是免费试用的，如图 1–17~ 图 1–20 所示。

搜索联机模板和主题

图 1–16

图 1-17　　图 1-18

图 1-19　　图 1-20

（4）用鼠标右键单击要选择的模板，在这里以鼠标右击选择【有创意的红色演示文稿】模板为例，在弹出菜单中选择【创建】命令，如图 1-21 所示。PowerPoint 将自动联机下载该模板，然后新建一个演示文稿，如图 1-22 所示。

图 1-21

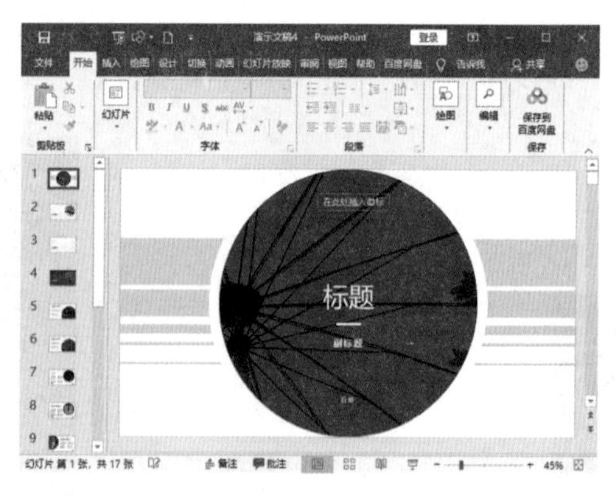


图 1-22

提示：如果是第一次使用该模板，那么必须保证电脑处于联机状态，才能使用该模板新建演示文稿。

# 1.3 打开、保存与关闭 PowerPoint 文档

## 1.3.1 打开 PowerPoint 文档

当要对以前的 PowerPoint 文档进行编排或修改时，可以打开此文档，打开文档的方法有如下几种。

方法 1：在我的电脑中，打开文档所在的文件夹，然后双击文档名称即可。

方法 2：当处于 PowerPoint 工作界面时，也可以使用以下方法。

执行【文件】|【打开】命令，或按 Ctrl+O 组合键，或单击常用工具栏上的【打开】图标按钮（如果该图标没有出现在自定义访问工具栏中，那就单击【自定义访问工具栏】按钮，在打开的下拉菜单中选择【新建】命令即可），打开如图 1–23 所示界面。

可以单击选择打开【最近】列表中的演示文稿。

或者选择打开本地电脑上的文档。单击【浏览】按钮，在打开的【打开】对话框中选择对应的文件夹和文件，然后单击【打开】按钮就可以将所选文档打开了，如图 1–24 所示。

图 1–23

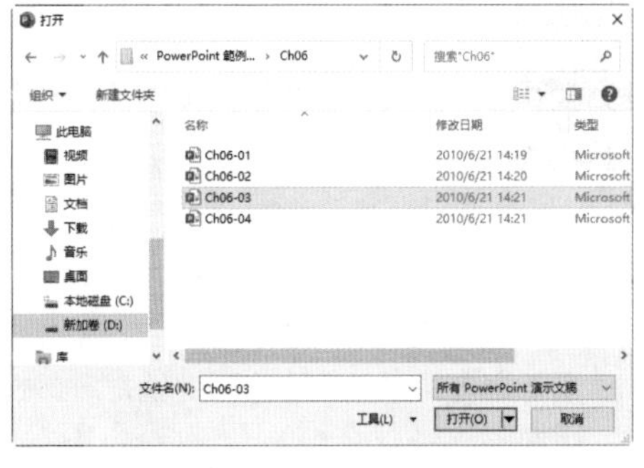


图 1–24

## 1.3.2 保存 PowerPoint 文档

新建 PowerPoint 文档并输入内容后，或打开文档经过编辑后，一般需要将结果保存下来。下面介绍保存文档的几种情况。

### 1. 首次保存文档

当用户在新文档中完成输入、编辑等操作后，需要第一次对新文档进行保存。

（1）可以使用下面的任意一种操作方法：

· 单击工作窗口左上角的快速访问工具栏中的【保存】按钮。

· 执行【文件】|【保存】命令或者【另存为】命令。

· 按下键盘上的快捷键 Ctrl+S、F12 键或者快捷键 Shift+F12。

提示： 保存文档一般是指保存当前处理的活动文档，所谓活动文档，也就是正在编辑的文档。当同时打开了多个文档，想同时保存多个文档或关闭所有文档时，可以在按住 Shift 键的同时，选择【文件】|【保存】或【关闭】(此时变成【全部保存】和【全部关闭】)命令，只需选择其中需要的命令即可。

（2）执行上述操作之一，打开如图 1-25 所示对话框。

（3）单击【浏览】按钮，打开【另存为】对话框，如图 1-26 所示。

选择所需保存文件的驱动器或文件夹。

在【文件名】输入框中输入要保存的文档名称。

在【保存类型】中选择保存类型，默认为【PowerPoint 演示文稿】。

（4）单击【保存】按钮即可。

图 1-25

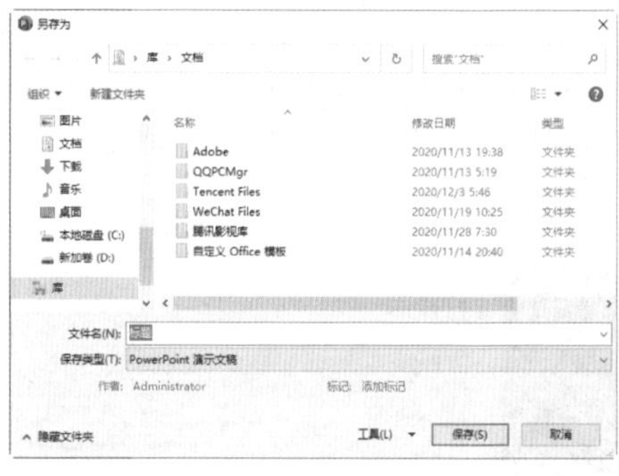


图 1-26

第一次保存了文档之后，此后每次对文档进行修改后，只需按 Ctrl+S 即可保存更改。

### 2. 重新命名并保存文档

重新命名并保存文档实际上就是对文档进行【另存为】操作。

操作方法：

（1）单击【文件】|【另存为】命令，或者按 F12 键，单击【浏览】按钮，打开【另存为】对话框。

（2）选择并指定保存路径的文件夹。

（3）在【文件名】文本框中输入文件的新名称。

（4）单击【保存】按钮，保存文档。

## 1.3.3 关闭 PowerPoint 文档或退出 PowerPoint

在 PowerPoint 程序中，关闭当前文档有以下几种方法：

- 执行【文件】|【关闭】命令。
- 单击窗口右上角的【关闭】按钮 ☒。
- 按键盘上的快捷组合键 Alt+F4。

退出 PowerPoint 文档时，在关闭文档的过程中，如果文档没有保存，系统会给出是否保存文档的提示，让用户确定是否保存该文档，如图 1-27 所示。单击【保存】按钮，系统将在保存该文档后再进行关闭操作。

图 1-27

## 1.4 PowerPoint 的窗口组成

启动 PowerPoint 后，在打开的界面中将显示最近使用的文档信息，并提示用户创建一个新的演示文稿，选择要创建的演示文稿类型后，进入 PowerPoint 的操作界面，如图 1-28 所示。

图 1-28

### 1. 幻灯片编辑区（也就是大纲窗格）

幻灯片编辑区位于演示文稿编辑区的中心，用于显示和编辑幻灯片的内容。在默认情况下，标题幻灯片中包含一个正标题占位符，一个副标题占位符，内容幻灯片中包含一个标题占位符和一个内容占位符。

### 2. 幻灯片窗格

幻灯片窗格位于幻灯片编辑区的左侧，主要显示当前演示文稿中所有幻灯片的缩略图，单击某张幻灯片缩略图，可跳转到该幻灯片并在右侧的幻灯片编辑区中显示该幻灯片的内容。

### 3. 状态栏

状态栏位于操作界面的底端，用于显示当前幻灯片的页面信息，它主要由状态提示栏、【备注】按钮、【批注】按钮、视图切换按钮组、显示比例栏 5 部分组成。

### 4. 快速访问工具栏

可以单击【自定义快速访问工具栏】按钮▼，在弹出的如图 1-29 所示的下拉菜单中单击未打勾的选项，为其在快速访问工具栏中创建一个图标按钮，以后直接单击该图标就可以执行该命令了。

5. 标题栏

标题栏位于工作界面最上方正中位置，它显示了所打开的文档名称，在其最右侧有三个按钮：窗口最小化按钮▬、最大化（或还原）按钮◻和关闭按钮✕，如图 1–30 所示。

图 1–29

图 1–30

6. 功能区

功能区位于快速访问工具栏和标题栏与幻灯片编辑区之间的部分，按其功能可以分为【文件】、【开始】、【插入】、【设计】、【切换】、【动画】、【幻灯片放映】、【审阅】、【视图】、【帮助】和【格式】等菜单选项卡。

在对幻灯片进行编排处理时，大部分的操作都可以通过菜单选项卡来实现。用户只需将鼠标移动到需要执行命令的选项卡上，再单击左键，就会打开对应的功能区，然后就可以根据需要选择相应的段落来执行命令。

在功能区中，有些项目后面有黑色的三角箭头▾，这表明该项目拥有子项目，只要将鼠标光标移动到该项目上，即可弹出相应的子菜单、对话框或面板。如图 1–31 为单击【插入】菜单选项卡的【表格】段落中的【表格】命令后弹出的面板。

图 1–31

7. 【开始】菜单选项卡

启动 PowerPoint 工作界面后，在窗口中将自动显示【开始】菜单功能区，它包括了剪贴板、幻灯片、字体、段落、绘图和编辑等段落，如图 1–32 所示。

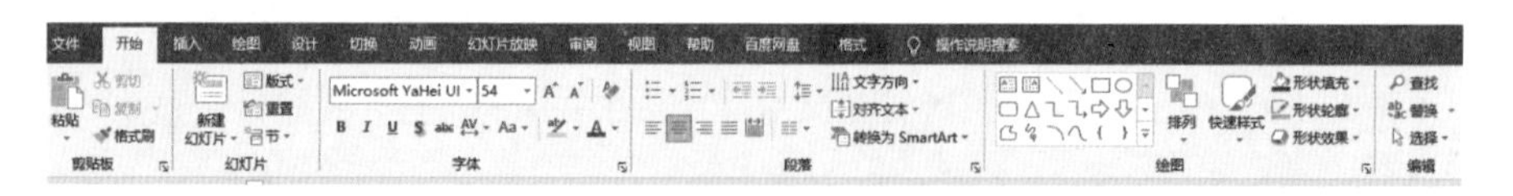


图 1–32

## 1.5 演示文稿视图

PowerPoint 有五种视图方式，分别是普通视图、大纲视图、幻灯片浏览、备注页和阅读视图。

它们各自的特效及使用方法如下。

首先选择【视图】菜单选项，在【演示文稿视图】里面，从左到右分别是【普通】按钮、【大纲视图】按钮、【幻灯片浏览】按钮、【备注页】按钮和【阅读视图】按钮，如图 1–33 所示。

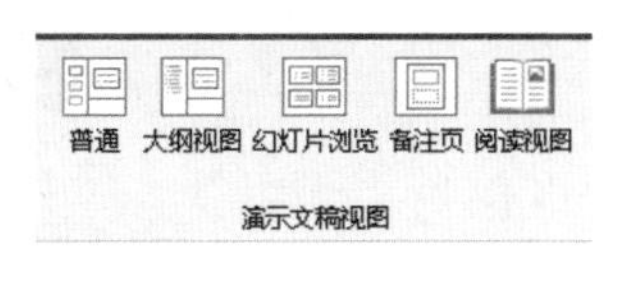


图 1–33

## 1.5.1 普通视图

创建一个新的演示文稿后，单击【菜单选项】，此时的窗口就是以【普通视图】的方式进行展示的。普通视图是 PowerPoint 的默认视图模式，共包含大纲窗格、幻灯片窗格和备注窗格三种窗格，如图 1–34 所示。

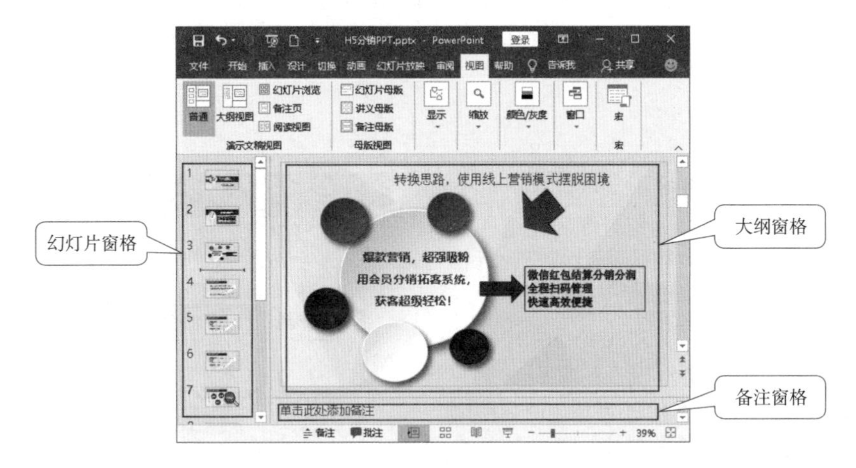


图 1–34

这些窗格让用户可以在同一位置使用演示文稿的各种特征。拖动窗格边框可调整不同窗格的大小。

· 大纲窗格：可以键入演示文稿中的所有文本，然后重新排列项目符号点、段落和幻灯片。

· 幻灯片窗格：可以查看每张幻灯片中的文本外观，还可以在单张幻灯片中添加图形、影片和声音，并创建超级链接以及向其中添加动画。

· 备注窗格：可以添加与观众共享的演说者备注或信息。

## 1.5.2 大纲视图

大纲视图含有大纲窗格、幻灯片缩图窗格和幻灯片备注页窗格。在大纲窗格中显示演示文稿的文本内容和组织结构，如图 1–35 所示。

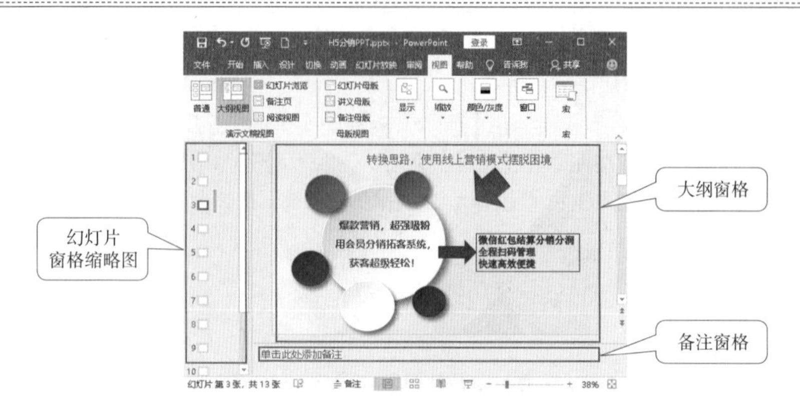


图 1-35

在大纲视图下编辑演示文稿，可以调整各幻灯片的前后顺序；在一张幻灯片内可以调整标题的层次级别和前后次序；可以将某幻灯片的文本复制或移动到其他幻灯片中。

### 1.5.3 幻灯片浏览视图

在幻灯片浏览视图中，可以在屏幕上同时看到演示文稿中的所有幻灯片，这些幻灯片是以缩略图方式整齐地显示在同一窗口中，如图 1–36 所示。

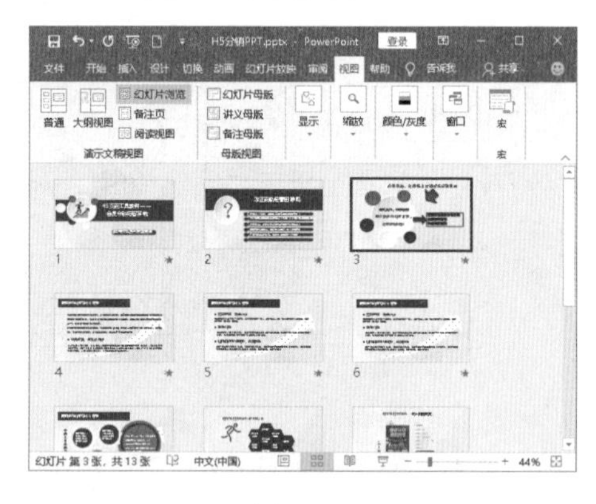

图 1-36

在该视图中可以看到改变幻灯片的背景设计、配色方案或更换模板后文稿发生的整体变化，可以检查各个幻灯片是否前后协调、图标的位置是否合适等问题；同时在该视图中也可以很容易地在幻灯片之间添加、删除和移动幻灯片的前后顺序以及选择幻灯片之间的动画切换显示。

### 1.5.4 阅读视图

在创建演示文稿的任何时候，用户都可以通过单击【幻灯片放映】按钮启动幻灯片放映和预览演示文稿，如图 1–37 所示。

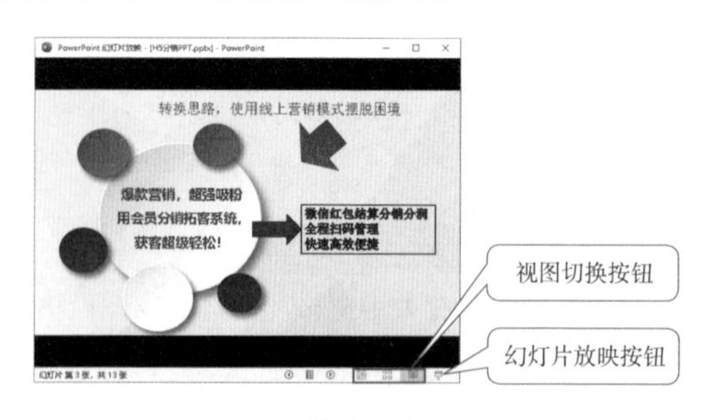


图 1-37

单击【上一张】按钮和【下一张】按钮可切换幻灯片；单击【幻灯片放映】按钮开始放映幻灯片。

阅读视图在幻灯片放映视图中并不是显示单个的静止画面，而是以动态的形式显示演示文稿中各个幻灯片。阅读视图是演示文稿的最后效果，所以当演示文稿创建到一个段落时，可以利用该视图来检查，从而可以对不满意的地方进行及时修改。

### 1.5.5 备注页视图

备注页视图主要用于为演示文稿中的幻灯片添加备注内容或对备注内容进行编辑修改，在该视图模式下无法对幻灯片的内容进行编辑。

切换到备注页视图后，页面上方显示当前幻灯片的内容缩览图，下方显示备注内容占位符。单击该占位符，向占位符中输入内容，即可为幻灯片添加备注内容，如图 1-38 所示。

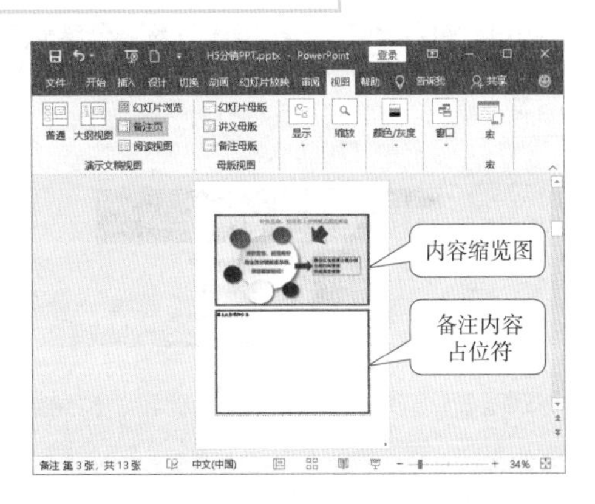


图 1-38

## 1.6 演示文稿及其操作

演示文稿是用于介绍和说明某个问题和事件的一组多媒体材料，也就是 PowerPoint 生成的文件形式。演示文稿中可以包含幻灯片、演讲备注和大纲等内容，而 PowerPoint 则是创建和演示播放这些内容的工具。

### 1.6.1 创建演示文稿

在 PowerPoint 中，存在演示文稿和幻灯片两个概念，使用 PowerPoint 制作出来的整个文件叫作演示文稿。而演示文稿中的每一页叫作幻灯片，每张幻灯片都是演示文稿中既相互独立又相互联系的内容。

空演示文稿由带有布局格式的空白幻灯片组成，用户可以在空白幻灯片上设计出具有鲜明个性的背景色彩、配色方案、文本格式和图片等。

· 启动 PowerPoint 自动创建空演示文稿。

· 使用 Office 按钮创建空演示文稿。

具体方法请参见 1.2.2 节内容。

还可以根据模板创建演示文稿，具体方法参见 1.2.3 节内容。

### 1.6.2 新建幻灯片

新建幻灯片的方法主要有以下两种。

在【幻灯片】窗格中新建：在【幻灯片】窗格中的空白区域或是已有的幻灯片上单

击鼠标右键，在弹出的快捷菜单中选择【新建幻灯片】命令，如图 1-39 所示。

通过【幻灯片】组新建：在普通视图或幻灯片浏览视图中选择一张幻灯片，在【开始】|【幻灯片】组中单击【新建幻灯片】按钮下方的下拉按钮，在打开的下拉列表中选择一种幻灯片版式即可，如图 1-40 所示。

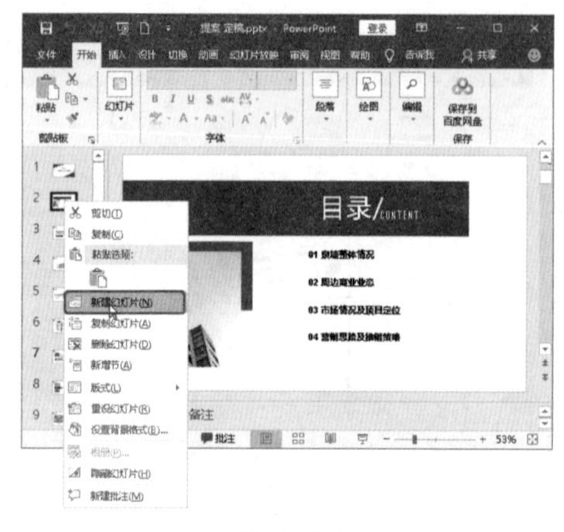

图 1-39

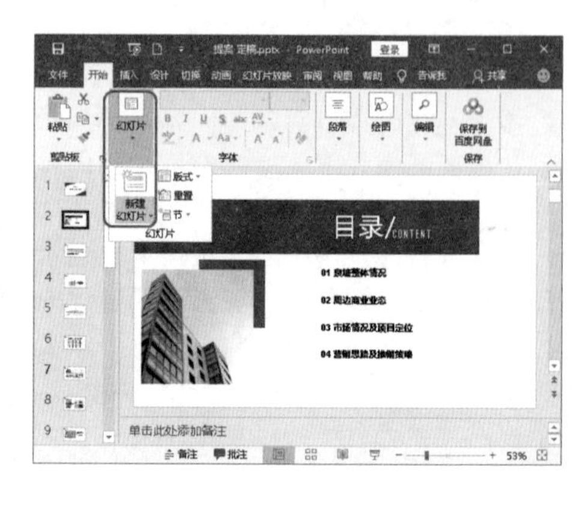

图 1-40

## 1.6.3 应用幻灯片版式

如果对新建的幻灯片版式不满意，可进行更改。其方法为：在【开始】|【幻灯片】组中单击【版式】按钮右侧的下拉按钮，在打开的下拉列表中选择一种幻灯片版式，即可将其应用于当前幻灯片，如图 1-41 所示。

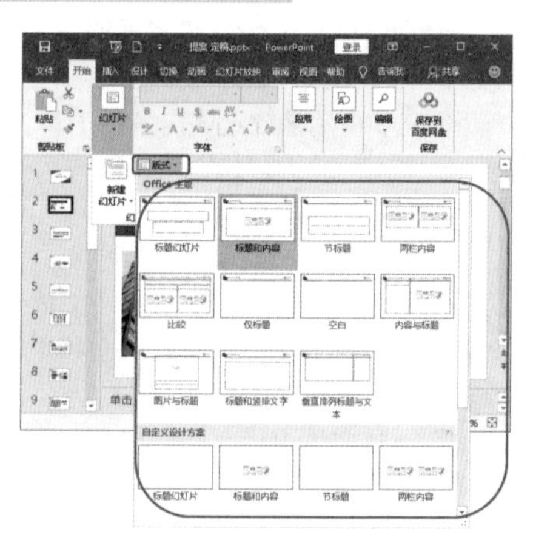

图 1-41

## 1.6.4 选择幻灯片

打开“提案 定稿 .pptx”演示文稿。

· 选择单张幻灯片：在【幻灯片】窗格中单击幻灯片缩略图即可选择当前幻灯片，如图 1-42 所示为单击选中演示文稿中的第 1 张幻灯片。

· 选择多张幻灯片：在幻灯片浏览视图或【幻灯片】窗格中按住 Shift 键并单击幻灯

片可选择多张连续的幻灯片，如图 1–43 所示为选择 2 至 6 的连续 5 张幻灯片；按住 Ctrl 键并单击幻灯片可选择多张不连续的幻灯片，如图 1–44 所示为选择演示文稿中的第 1、第 3、第 5 这 3 张幻灯片。

· 选择全部幻灯片：在幻灯片浏览视图或【幻灯片】窗格中按 Ctrl+A 组合键即可选择全部幻灯片，如图 1–45 所示。

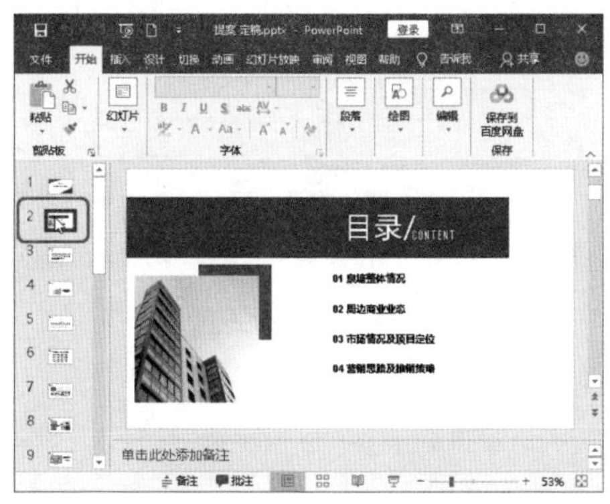


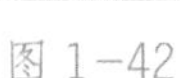
图 1–42

图 1–43

图 1–44

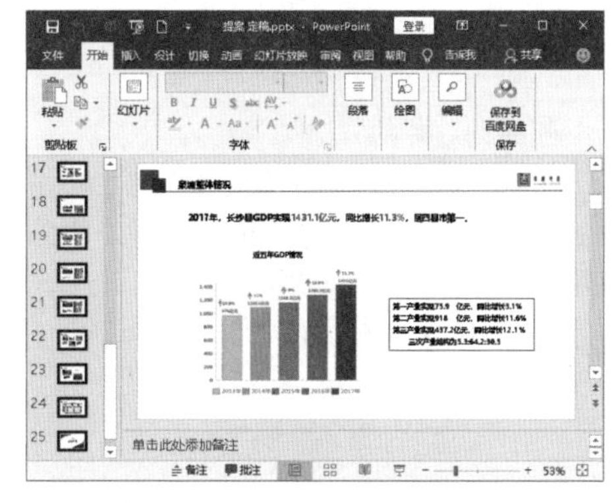


图 1–45

## 1.6.5 移动和复制幻灯片

移动和复制幻灯片有如下几种方法。

### 1. 通过拖动鼠标

选择需移动的幻灯片，按住鼠标左键不放拖动到目标位置后释放鼠标完成移动操作；选择幻灯片，按住 Ctrl 键并拖动到目标位置，完成幻灯片的复制操作。

### 2. 通过菜单命令

选择需移动或复制的幻灯片，在其上单击鼠标右键，在弹出的快捷菜单中选择【剪切】或【复制】命令，如图 1–46 所示。

定位到目标位置，单击鼠标右键，在弹出的快捷菜单中选择【粘贴选项】|【保留源格式】图标命令，如图 1–47 所示，完成幻灯片的移动或复制。

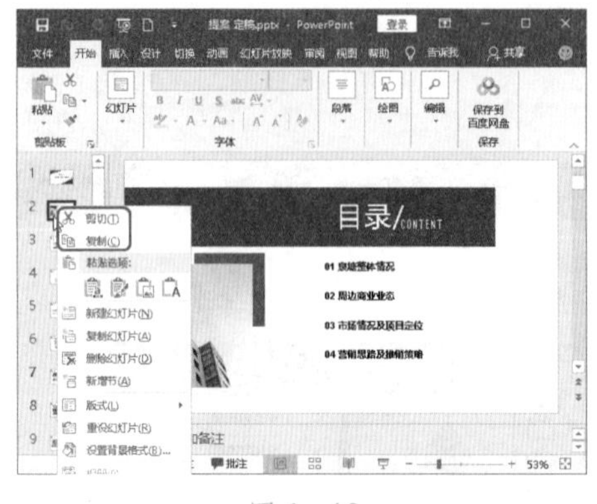

图 1–46

图 1–47

3. 通过快捷键

选择需移动或复制的幻灯片，按 Ctrl+X 组合键（移动）或 Ctrl+C 组合键（复制），然后在目标位置按 Ctrl+V 组合键进行粘贴，完成移动或复制操作。

### 1.6.6 删除幻灯片

删除幻灯片的方法如下：

（1）选择要删除的幻灯片，然后单击鼠标右键，在弹出的快捷菜单中选择【删除幻灯片】命令，如图 1–48 所示。

（2）选择要删除的幻灯片，按 Delete 键即可完成。

图 1–48

## 1.7 怎样快速在窗格之间移动

在编辑幻灯片时，需要在多个幻灯片之间进行切换。可以用下列方法快速地在各个幻灯片之间进行切换定位：

（1）按 F6 键可以按顺时针方向在普通视图各幻灯片之间移动。

（2）按 Shift+F6 组合键可以按逆时针方向在普通视图幻灯片之间移动。

（3）按 Ctrl+Shift+Tab 组合键，可以在普通视图中【大纲与幻灯片】窗格的【幻灯片】

和【大纲】选项卡之间切换。

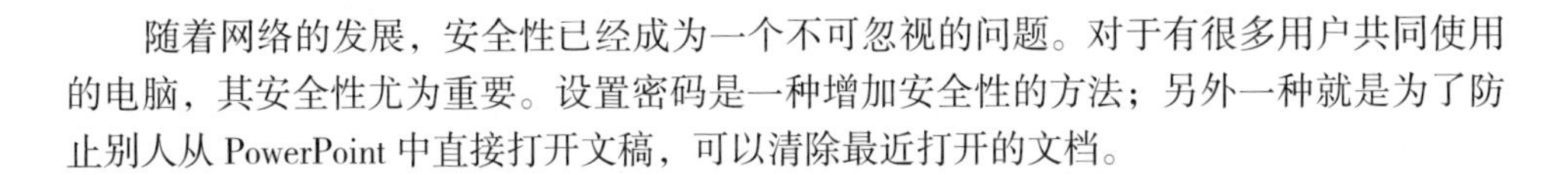

## 1.8 怎样增强演示文稿的安全性

随着网络的发展，安全性已经成为一个不可忽视的问题。对于有很多用户共同使用的电脑，其安全性尤为重要。设置密码是一种增加安全性的方法；另外一种就是为了防止别人从 PowerPoint 中直接打开文稿，可以清除最近打开的文档。

## 1.9 清除最近打开的文档

操作方法：

（1）执行【文件】|【更多】|【选项】命令，在弹出的【PowerPoint 选项】对话框的左侧列表中选择【高级】选项卡。

（2）将右侧【显示】栏中的【显示此数量的最近的演示文稿】和【显示此数目的取消固定的“最近的文件夹”】后的数字改为 0，如图 1-49 所示。

（3）单击【确定】按钮，结束操作。

## 1.10 为 PPT 设置访问密码

操作方法：

（1）执行【文件】|【另存为】命令，然后单击【浏览】按钮，打开【另存为】对话框。

（2）单击【工具】|【常规选项】，在打开的【常规选项】对话框中，可以在【打开权限密码】和【修改权限密码】文本框中输入相应密码，并选中【保存时自动删除在该文件中创建的个人信息】选项，如图 1-50 所示。

（3）单击【确定】按钮关闭【常规选项】对话框，再单击【确定】按钮结束操作。

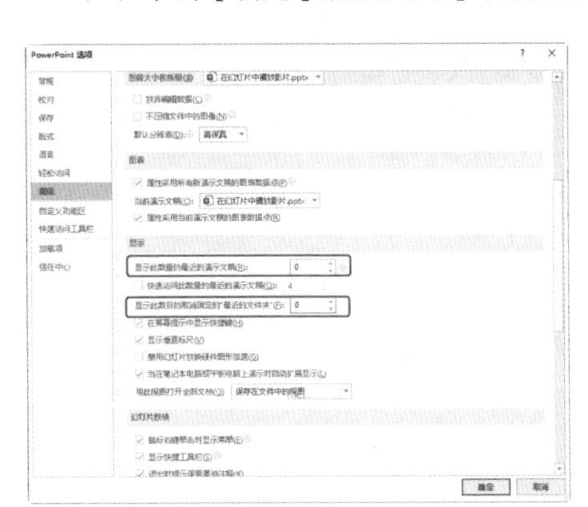

图 1-49

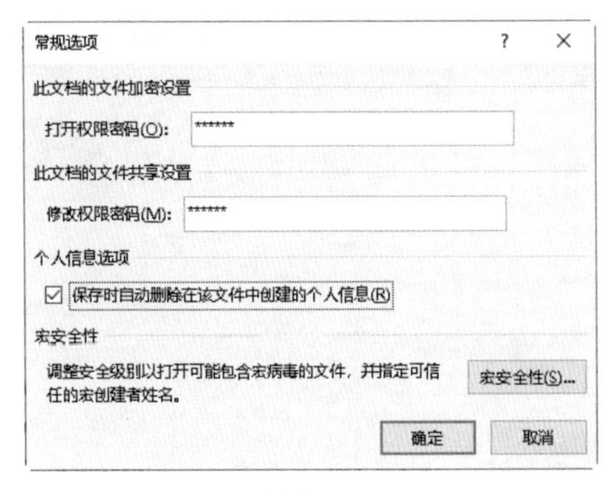


图 1-50

# 第 2 章

# PPT 版式设计

本章导读

# 2.1 PPT版式设计原则

## 2.1.1 制作PPT应当养成的好习惯

要制作一个好的PPT，以下习惯是应当养成的：

· 一张幻灯片对应一个主题。
· 制作一张议程表，让观众了解演讲进程。
· 字体颜色与底图呈现对比，清晰易读。
· 加入公司Logo，增强专业感。
· 尽量使用机构VI中的标准色系。
· 适当引用图片、图表等帮助说明。
· 多用数字说明，增强说服力。

## 2.1.2 文字型PPT如何做到一目了然

设计PPT最基本原则是要做到一目了然，也许用户会有个疑问：我的PPT已经是文字，实在简化不了，怎么办？

在这里提供以下思路供参考。

### 1. 提炼关键词

参见图2–1。

借助大标题表达中心思想，小标题【要点一】、【要点二】、【要点三】是本段关键词。

### 2. 拆成多个页面

参见图2–2。

图 2–1

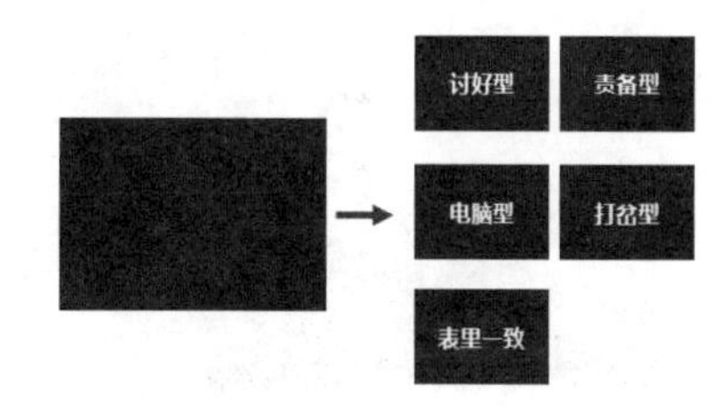


图 2–2

### 3. 要点逐条显示

参见图2–3。

4. 要点显示后变暗

参见图 2-4。

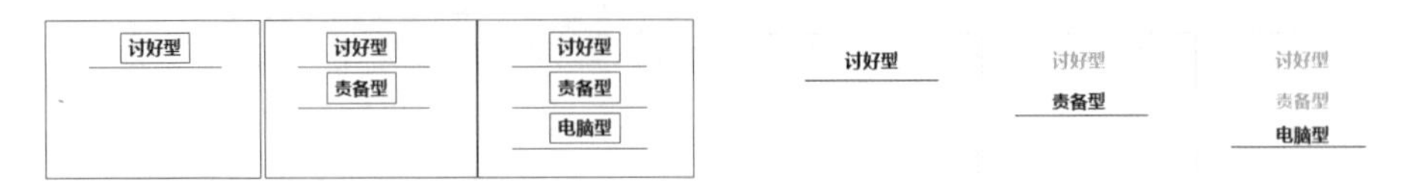


图 2-3　　图 2-4

### 2.1.3 将文字视觉化

所谓的将文字视觉化，基本思路就是：

- 将繁杂的文字提炼，精简文字。
- 配上图片进行直观形象展现。
- 添加色块，凸显要表达的主题。

最终目的就是使用图文来简要明晰地阐述原本的文字所要表达的内容。

下面举例说明。

1. 以图析文

参见图 2-5。

2. 以图表简化文字

参见图 2-6。

图 2-5　　图 2-6

3. 提炼主题，以数字直接表达中心思想

参见图 2-7。

图 2-7

## 2.2 PPT 排版的 4 种经典版式

本节要介绍的是 4 种简单而又经典的版式，它们会解决 80% 的 PPT 内容排版。接下来主要使用方块作为版式划分，每种版式均有文字、图片、图表、表格间的配合后的案例。

### 2.2.1 左右型版式

左右型版式就是以一定的比例，将页面分割为左右两半，内容为主，图片为辅，以此排列达到视觉平衡。如图 2-8 所示。

如图 2-9 所示为图片与文字的配合。

图 2-9 中大致被划分为左右两栏，通过对比、对齐，让文字部分也不会凌乱，突出了重点，灰色矩形区分了大标题与正文间的内容。

图 2-8

图 2-9

### 2.2.2 完全开放型版式

除了常规的左右型，还可以跳出方块的限制，让左右图文的界限小一些，但是更加大胆些，这就是所谓的完全开放型版式。如图 2-10 所示。

图 2-10

### 2.2.3 上下型版式

所谓的上下型版式，就是把页面水平地划分为上下两部分，自由地将内容放在对应的框内，如图 2-11 所示。

图 2-12 为上图下文的上下型排版版式。

图 2-11

图 2-12

对于图表与文字的上下型排版，该类型对图表制作要求比较高，需要做出高颜值的图表，配合关键字，画龙点睛。

而对于表格与文字的上下排版来说，数据型表格确实是制作 PPT 的一个大难题。表格内容这么多，针对演讲型 PPT，观众怎么可能每个都认真看完呢？其实我们可以追求整体的美，只要做到配色统一、突出重点、简单排版，就已经足够满足我们日常工作了。如图 2-13 所示。

专业的管理运营团队

| 专业管理能力 | 精准营销顾问 | 渠道资源整合 |
| --- | --- | --- |
| 配备案场销售及客及团队，提供专业案场管理、客户接待服务 | 安排经理级策划，支持项目日常工作，由总部策划总监直接负责项目营销顾问工作 | 渠道跨界整合，案场备渠道部经理，对接协调岛外圈层资源及本岛渠道商维护 |

人员工资成本

| 职位 | 底薪 | 时间 | 总薪资 | 总销 | 提成 |
| --- | --- | --- | --- | --- | --- |
| 销售经理1名 | 5000 | 12个月 | 60000 | 预计总销为6000万左右 | 100000 |
| 业务员4名 | 3500 | | 168000 | | 180000 |
| 招商专员2名 | 3500 | | 84000 | | 120000 |
| 渠道经理1名 | 4000 | | 48000 | | 90000 |
| 渠道专员2名 | 3500 | | 84000 | | 120000 |
| 总计 | | | 444000 | | 610000 |

除去高额的人员成本开支外，代理点位税费以及写字楼租赁+物业费用+水电办公等日常开支至少需要十个点，我方承担高额的投资费用及风险。

图 2-13

## 2.2.4 栅格型版式

在什么样的情况下，适合使用栅格型版式排版呢？在使用形状更多的情况下，借助栅格型版式，可以设计出很多好看的版面，如图 2-14、图 2-15 所示。

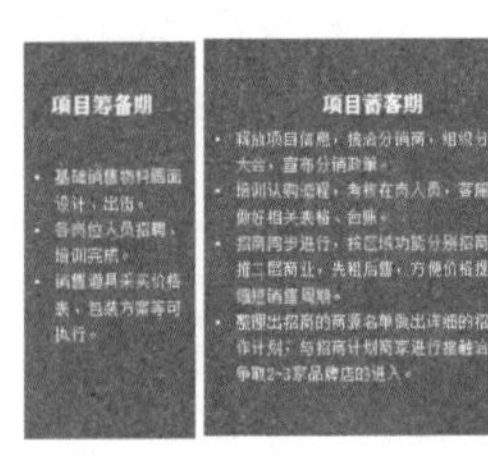



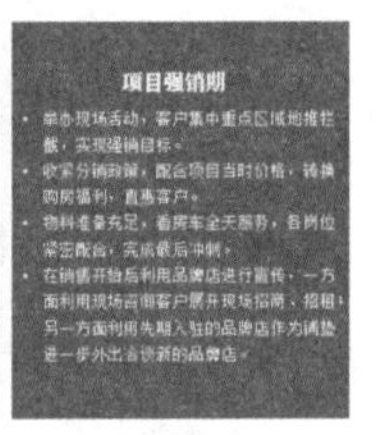

图 2-14

图 2-15

当然，利用形状来排版所涉及的版式，远远不止如此。以上所有的案例，都可以利用栅格法来制作。

## 2.2.5 使用 PowerPoint 的内置版式

在 PowerPoint 中，版式指幻灯片上对象的布局，包含了要在幻灯片上显示的全部内容，如标题、文本、图片、表格等的格式设置、位置和占位符。PowerPoint 中包含 11 种内置幻灯片版式，如标题幻灯片、标题与内容、两栏内容等，默认为标题幻灯片，如图 2-16 所示。使用这些内置版式的方法如下。

操作方法:

执行【开始】|【幻灯片】|【版式】命令，在打开的如图 2-17 所示的【Office 主题】窗口中，单击其中的一种版式样式，就可以将 PPT 切换为相应的版式了。

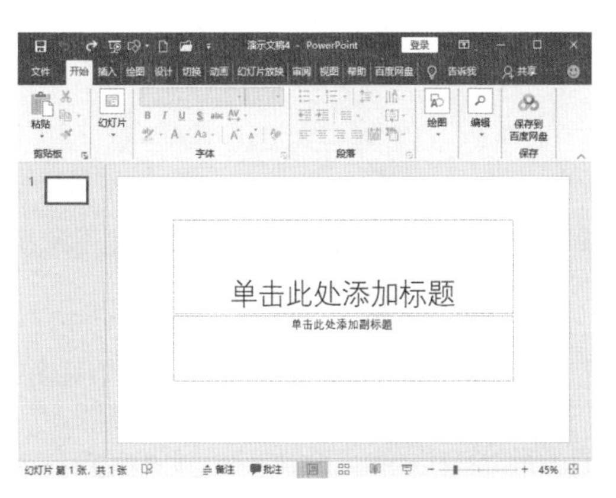


图 2-16

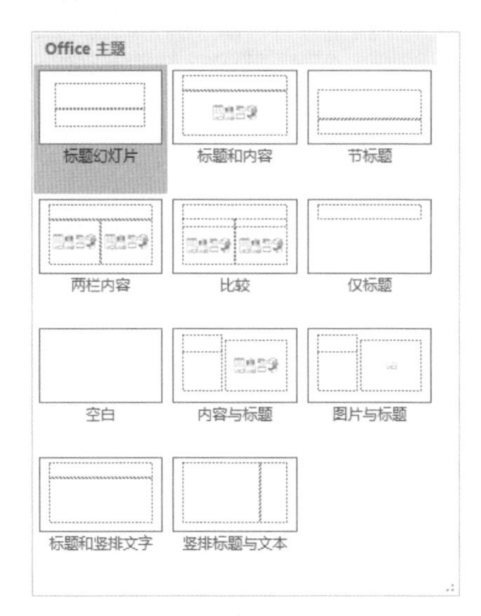


图 2-17

## 2.3 使用幻灯片母版

母版是指一张具有特殊用途的幻灯片，其中已经设置了幻灯片的标题和文本的格式与位置，其作用是统一文稿中包含的幻灯片的版式。因此，对母版的修改会影响到所有基于该母版的幻灯片。

若要使所有的幻灯片包含相同的字体和图像（如徽标），在幻灯片母版中便可以进行这些更改，而这些更改将应用到所有幻灯片中。

幻灯片母版是窗口左侧缩略图窗格中最上方的幻灯片。与母版版式相关的幻灯片显示在此幻灯片母版下方。

打开“工作计划 .pptx”演示文稿，讲解关于幻灯片母版的各种操作。

### 2.3.1 认识母版的类型

母版有【幻灯片母版】、【讲义母版】和【备注母版】三种类型。

#### 1. 幻灯片母版

在【视图】|【母版视图】段落中单击【幻灯片母版】按钮，即可进入幻灯片母版视图。

幻灯片母版视图是编辑幻灯片母版样式的主要场所，在幻灯片母版视图中，左侧为【幻灯片版式选择】窗格，右侧为【幻灯片母版编辑】窗口，如图 2-18 所示。

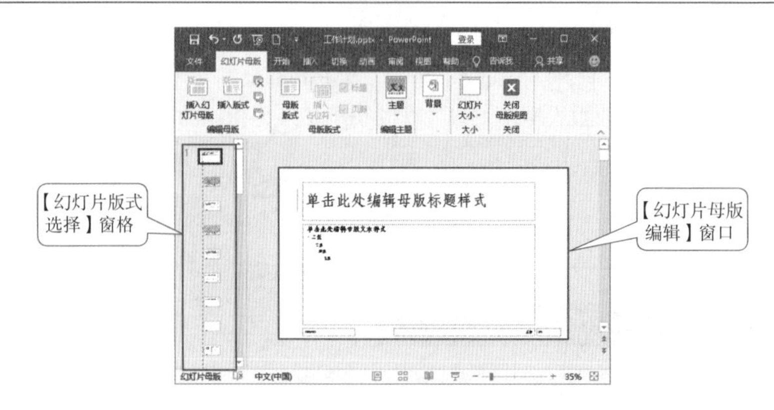


图 2-18

单击【关闭】段落中的【关闭母版视图】按钮，就可以退出母版视图，返回到普通视图中。

### 2. 讲义母版

在【视图】|【母版视图】段落中单击【讲义母版】按钮，即可进入讲义母版视图，如图 2-19 所示。

在讲义母版视图中可查看页面上显示的多张幻灯片，也可设置页眉和页脚的内容，以及改变幻灯片的放置方向等。

单击【关闭】段落中的【关闭母版视图】按钮，就可以退出讲义母版，返回到普通视图中。

### 3. 备注母版

在【视图】|【母版视图】段落中单击【备注母版】按钮，即可进入备注母版视图，如图 2-20 所示。

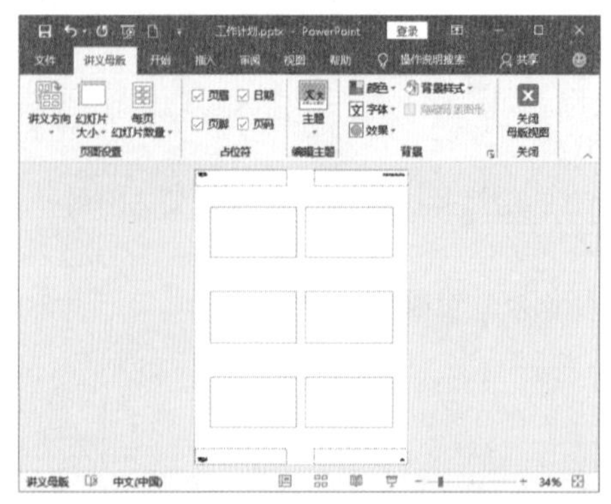

图 2-19

图 2-20

备注母版主要用于对幻灯片备注窗格中的内容格式进行设置，选择各级标题文本后即可对其字体格式等进行设置。

单击【关闭】段落中的【关闭母版视图】按钮，就可以退出备注母版，返回到普通视图中。

### 2.3.2 编辑幻灯片母版

编辑幻灯片母版与编辑幻灯片的方法非常类似，在幻灯片母版中也可以添加或删除图片、声音、文本等对象，但通常只添加通用对象，即只添加在大部分幻灯片中都需要使用的对象。

完成母版样式的编辑后，单击【关闭母版视图】按钮 即可退出母版。

## 2.4 PPT 配色的基本原则

好的配色才能制作出好的 PPT，PPT 配色有哪些基本原则呢？

（1）色彩搭配最好不要超过三种颜色，杂乱无章的七彩色板风格是 PPT 配色大忌。

· 色彩不是孤立的，因此，除非必要时，整个 PPT（包括图表）最好不要超过三种颜色。

· 除非必要时，一页 PPT 内绝对不能超过三种颜色（包括图表但不含图片）。

· 统一的配色让图表显得更专业。

（2）色彩组合时，要选择视觉对比强的色彩搭配，尤其是文字与底色的搭配。可以借用图 2–21 所示的色彩对比强的色彩组合配色，切忌使用图 2–22 中视觉对比弱的色彩组合配色。

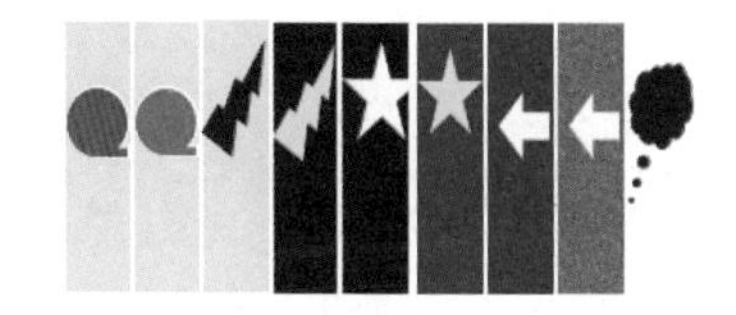

图 2–21

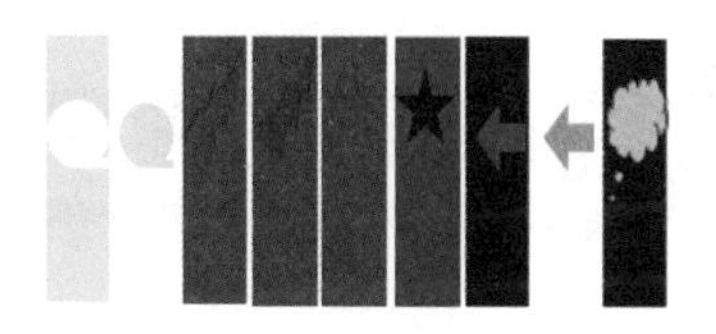

图 2–22

· 常用文字色彩组合：一般来说，文字的色彩组合主要有两种情况，一种是正文文字颜色，另一种是图形中的文字颜色。前面提到的色彩搭配不要超过三种颜色，并未包含文字的色彩。

· 正文文字颜色推荐：正文内容、标题在字体颜色选择时，浅色背景建议选择黑色、白色和深蓝色。不建议使用深色背景。

· 图形中的文字颜色推荐：在 PPT 中，经常在图形中或图形颜色块中插入字体说明，此时应选择同图形颜色背景视觉对比强烈的字体颜色，图 2–23 仅为建议搭配。

| 紫色背景黄色文字 | 黄色背景红色文字 | 蓝色背景白色文字 |
| --- | --- | --- |
| 黑色背景白色文字 | 黄色背景蓝色文字 | 紫色背景黄色文字 |
| 黑色背景黄色文字 | 黄色背景黑色文字 | 绿色背景黄色文字 |

图 2–23

提示：图 2–23 中的黄色文字均可以用白色文字代替。

（3）慎用渐变色，学会善用灰色（万能色）。

· 在色彩填充时，慎用渐变色，如图 2-24 所示。

图 2-24

· 灰色能同所有色彩搭配，且不会产生不协调的现象，可以说是一种万能色，然而在应用中往往被人遗忘，当色彩组合过多或者选不出合适的色彩时，不妨考虑一下灰色，如图 2-25 所示。

（4）不要自造颜色，尽量使用标准色（图 2-26）或者借用那些优秀的 PPT（模板）中的颜色。

· 无论字体颜色还是图形颜色的填充，最好选用标准色。

· 常用的标准色有三对，红橙、黄绿、蓝紫。

· 红色与绿色，橙色与蓝色，黄色与紫色为对比色。

· 也可以借鉴其他 PPT（模板）中的颜色，可以用格式刷复制过来。

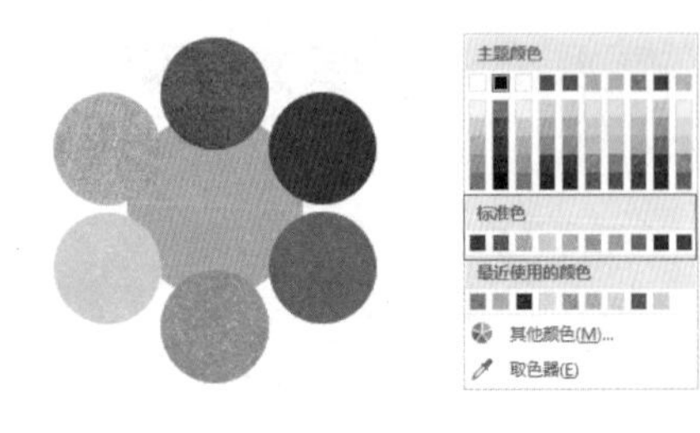


图 2-25　　图 2-26

（5）局部色彩不可太突兀。PPT 完成后，可以用【阅读视图】查看整体效果，检查有无不协调的配色细节。

## 2.5 学会应用 PPT 主题

应用主题可使幻灯片快速呈现有吸引力的专业外观。可以向所有幻灯片或部分幻灯片应用主题。

以“楼盘物业升级改造提案 .pptx”演示文稿为基础进行讲解。

### 2.5.1 应用幻灯片主题

PowerPoint 的主题样式均已经对颜色、字体和效果等进行了合理的搭配，用户只需选择一种固定的主题效果，就可以为演示文稿中各幻灯片的内容应用相同的效果，从而达到统一幻灯片风格的目的。

（1）在【设计】|【主题】段落中单击右下角的【其他】按钮，在打开的如图 2-27 所示的下拉列表中，将鼠标悬停在一个主题上，预览幻灯片将呈现的外观。然后单击以选择要应用的主题即可。

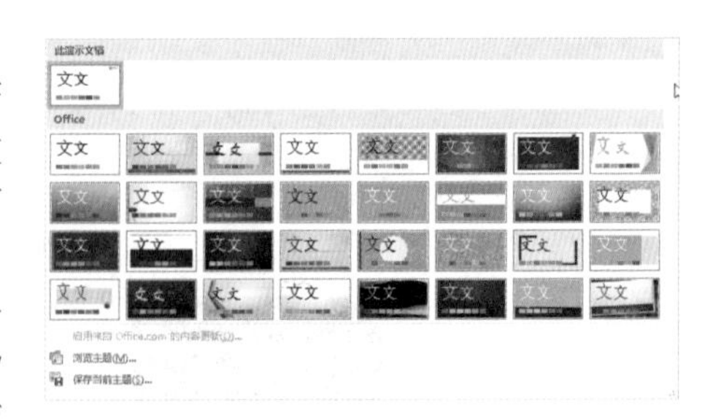


图 2-27

（2）所选主题会默认应用到演示文稿中的所有幻灯片。如图 2-28 所示为演示文稿应用【水滴】主题的效果。

（3）若想要一个或多个幻灯片应用主题，则选中一个或多个幻灯片，使用鼠标右键单击所需主题，然后选择【应用于选定幻灯片】命令即可，如图 2–29 所示。

图 2–28

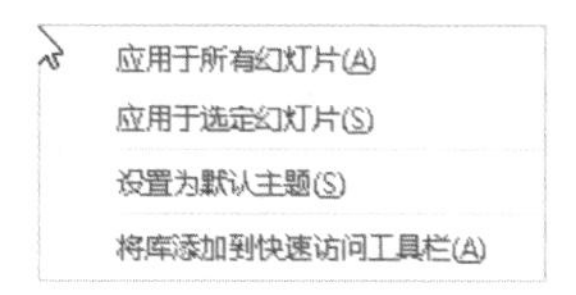


图 2–29

## 2.5.2 应用内置的主题颜色

主题颜色是指 PPT 文件中使用的颜色集合，更改主题颜色对演示文稿的效果最为显著。

PowerPoint 为预设的主题样式提供了多种主题的颜色方案，用户可以直接选择所需的颜色方案，对幻灯片主题的颜色搭配效果进行调整。

图 2–30

**操作方法：**

打开 PPT，在【设计】菜单选项卡中单击【主题】段落中的【其他】按钮，从打开的窗口中选择【Office】下的配色方案即可，如图 2–30 所示。

## 2.5.3 自定义主题颜色

**操作方法：**

（1）打开 PPT，在【视图】菜单选项卡中单击【母版视图】段落中的【幻灯片母版】图标，PPT 窗口界面变成如图 2–31 所示的样子。

（2）单击【幻灯片母版】菜单选项卡的【背景】段落中的【颜色】图标，在打开的窗口中单击选择底部的【自定义颜色】命令，如图 2–32 所示。

（3）在打开的如图 2–33 所示的【新建主题颜色】对话框中，在下方的主题颜色“名称”框中输入自定义主题颜色的名称，然后依次单击选择【主题颜色】区域中的颜色进行配色。

每次单击一个颜色就会出现如图 2–34 所示的颜色选框，以选择新的配色。

（4）【其他颜色】，则会打开如图 2-35 所示的【颜色】对话框，输入 RGB 值，然后单击【确定】按钮关闭【颜色】对话框，就会新建一种颜色。

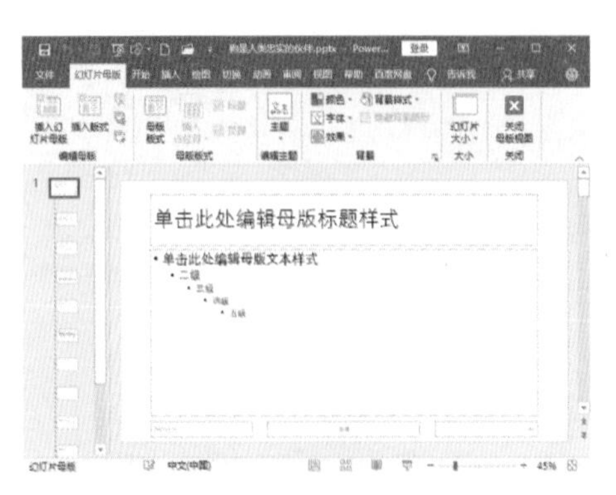


图 2-31

图 2-32

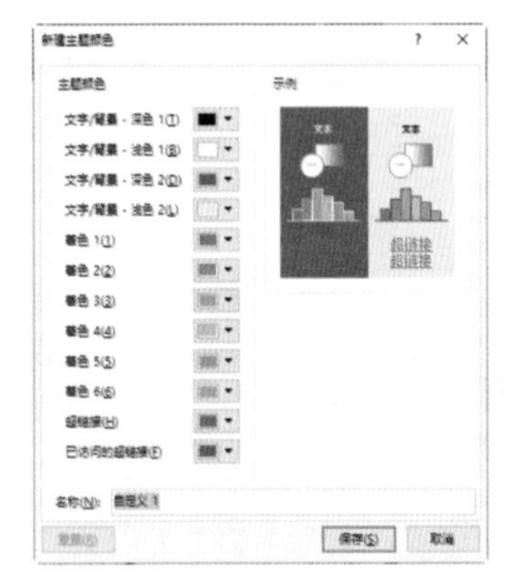

图 2-33

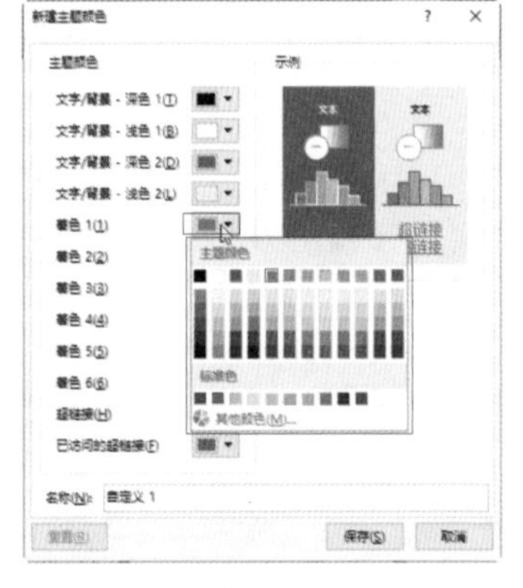

图 2-34

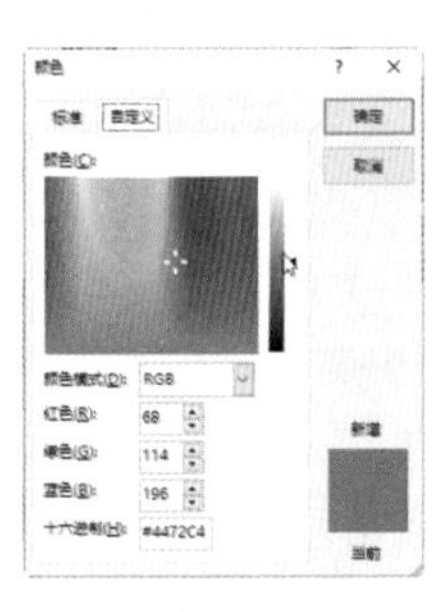

图 2-35

（5）最后单击【保存】按钮关闭【新建主题颜色】对话框，就为 PPT 创建了新的主题颜色。

### 2.5.4 更改字体方案

PowerPoint 为不同的主题样式提供了多种字体搭配方案，可以使用这些主题样式来对 PPT 的字体重新设计。

**操作方法：**

（1）在【设计】|【变体】段落中单击右下角的【其他】按钮，在打开的下拉列表中选择【字体】选项。

（2）在打开的子列表中选择一种选项，即可将字体方案应用于所有幻灯片，如图 2-36 所示。

（3）在打开的子列表中选择【自定义字体】选项，在打开的【新建主题字体】对话框中可对幻灯片中的标题和正文字体进行自定义设置，如图 2-37 所示。

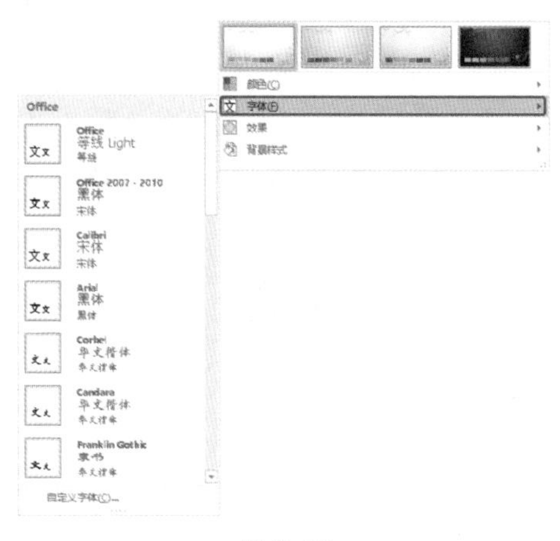


图 2-36

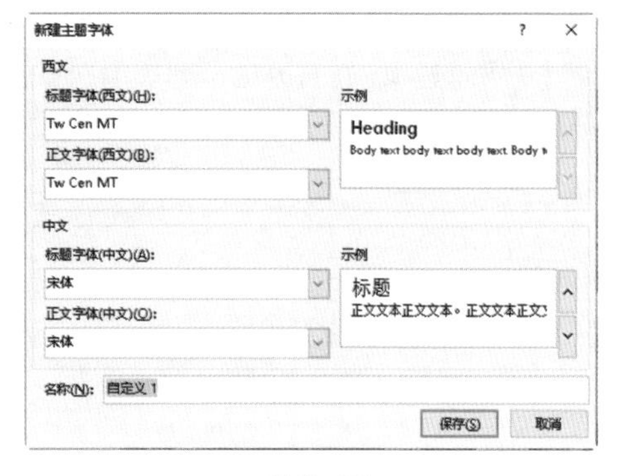


图 2-37

## 2.5.5　设置幻灯片大小

操作方法：

（1）执行【设计】|【自定义】|【幻灯片大小】命令，在打开的如图 2-38 所示的下拉菜单中，可以设置幻灯片大小为【标准 (4 : 3)】或【宽屏 (16 : 9)】。

（2）单击选择【自定义幻灯片大小】命令，打开如图 2-39 所示的【幻灯片大小】对话框。

图 2-38

（3）在【幻灯片大小】项的下拉菜单中，可以选择设置更多的尺寸大小，如图 2-40 所示。如果选择【自定义】，则可根据实际需要，通过在【宽度】和【高度】文本框中输入相应的尺寸来设置幻灯片的大小。在【方向】区域可以设置幻灯片的方向为【纵向】或【横向】。

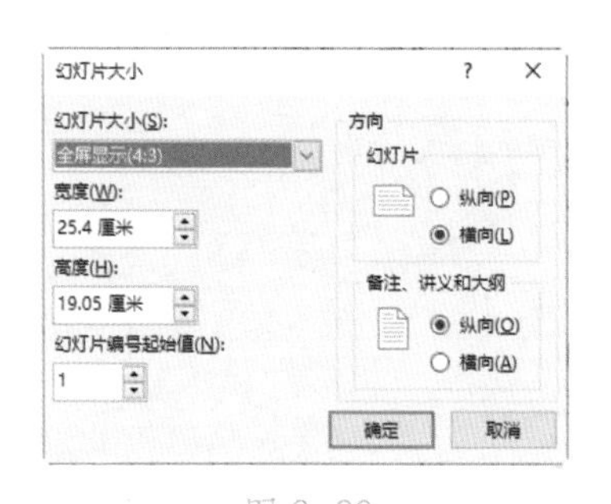


图 2-39

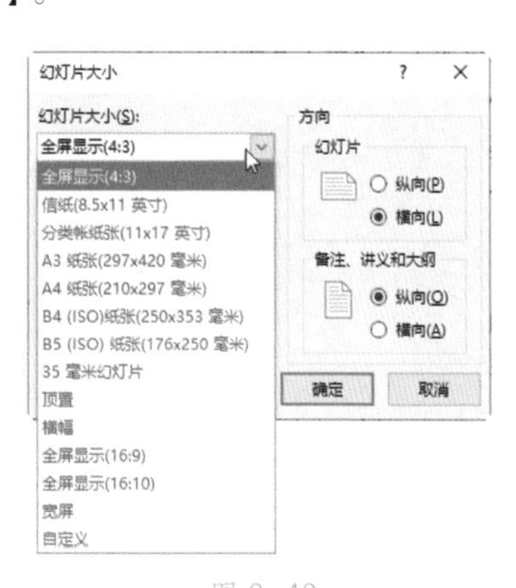


图 2-40

设置完毕，单击【确定】按钮关闭对话框即可。

### 2.5.6 更改效果方案

在【设计】|【变体】段落中，单击右下角的【其他】按钮▾，在打开的下拉列表中选择【效果】选项，在打开的子列表中选择一种效果，如图 2–41 所示，可以快速更改图表、SmartArt 图形、形状、图片、表格和艺术字等幻灯片对象的外观。

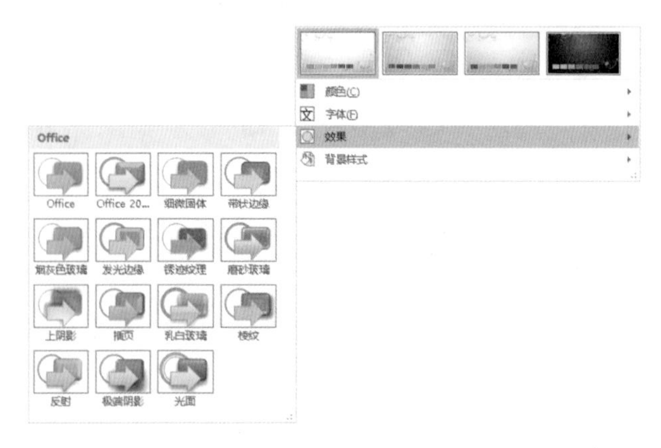


图 2–41

最后将演示文稿进行保存后关闭。

# 第 3 章

# PPT 字体搭配

本章导读

# 3.1 关于文本的排版注意事项

在 PPT 里面，所有这些都应该统一：文字、字体、字号、书写标准、标点符号、项目符号的应用规则等。

## 3.1.1 文本排版的七条注意事项

### 1. 选择适当的字体

·整个 PPT 使用相同的字体，补充字体不要超过两个。

·推荐使用字体：微软雅黑（B）+ 宋体黑体（标题）+ 楷体（内容）。

·最好全篇采用统一字体。

### 2. 选择适当的字号

·字号大小的选择，观点不一，但成段落的文字，尽量采用小号字体。

·推荐 14 号 ~20 号字体。

·单一文字，根据需要灵活设置。

·标题字号应统一，段落字号应统一。

### 3. 选择适当的样式

·不要用多种项目符号的样式，整个 PPT 不要超过三种。

·项目符号层级不要超过两层。

·项目符号颜色要符合主色调，不要突兀。

### 4. 标点应用的规则

·能省则省，尤其是结尾的标点符号。

·标点绝对不要置于行首。

·不要使用网络语言的标点符号，如:)。

### 5. 不要有错别字

在使用拼音输入时，千万注意区分发音相同的词语。

例如：激烈的市场竞争粗食（促使）我们不得不重新考虑企业发展战略。

### 6. 语言要简洁、准确

·提炼主题，尽量使用简洁、易读的文字准确展现你的观点。

·不要使用过多的形容词试图夸大文字的重要性，如积极的推动工作。

### 7. 注意排版

·注意文本的字间距和行间距，对于内容比较少的篇章可以采用小字号、大行距。

·每行字的数量不要过多，多时应及时换行或缩短文本框。

·换行时注意合理断词断句便于理解，切忌单字换行。

## 3.1.2 学会用格式刷

有时候经常想在不同文本框、形状中设置统一的格式，但是逐个设置真的很麻烦。

有时候从别的 PPT 复制过来的模板，和自己的 PPT 颜色不统一，很难调出原版的颜色。

以图 3-1 所示为例。如何才能将左上图“我们的”调出左下图“别人的”的样式，达到右图的效果呢？

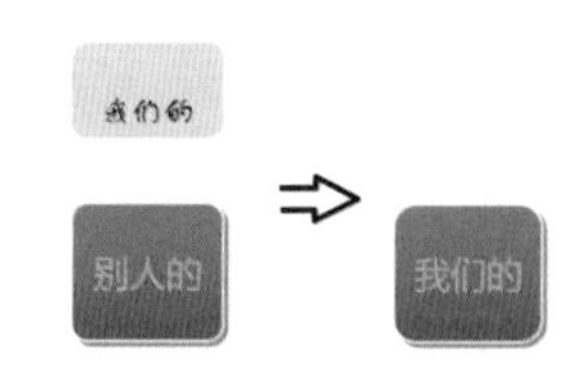


图 3-1

操作方法:

（1）单击左下图“别人的”，然后单击【开始】菜单选项卡的【剪贴板】段落中的【格式刷】图标。

（2）单击左上图“我们的”，得到如图 3–2 所示效果。

（3）单击文本前后的空白处，删除多余的空格，就得到了如图 3–3 所示的效果。

打开“格式刷的妙用 .pptx”，亲自尝试一下吧。

图 3–2

图 3–3

### 3.1.3　选择合适的字体

把握小处，才能大处适宜，为 PPT 中的文本选择合适的字体，才能使 PPT 有出色表现力。

查看图 3–4 中的字体。

分析:

· 宋体严谨，适合正文，显示最清晰。

· 黑体庄重，适合标题，或者强调区。

· 隶书楷体，艺术性强，不适合投影。

通过上面的分析，推荐使用的字体和字号如图 3–5 所示。

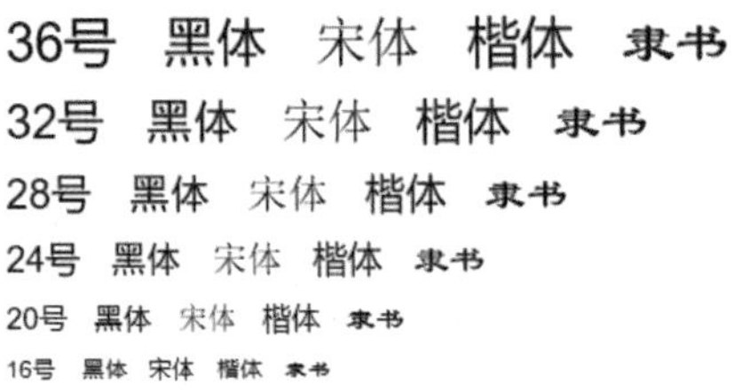

36号　黑体　宋体　楷体　隶书
32号　黑体　宋体　楷体　隶书
28号　黑体　宋体　楷体　隶书
24号　黑体　宋体　楷体　隶书
20号　黑体　宋体　楷体　隶书
16号　黑体　宋体　楷体　隶书

图 3–4

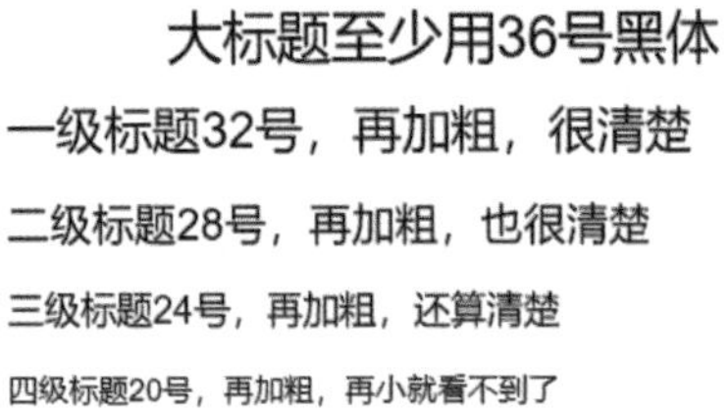

大标题至少用36号黑体
一级标题32号，再加粗，很清楚
二级标题28号，再加粗，也很清楚
三级标题24号，再加粗，还算清楚
四级标题20号，再加粗，再小就看不到了

图 3–5

提示：要通过文字排版突出重点，可借助对文字进行加粗、加大字号、变色操作来实现。

### 3.1.4　安装字体的方法

如果 PPT 模板中使用了特殊字体，而电脑中又没有安装这种字体，那么在编辑 PPT 时，系统会弹出提醒框并用其他字体替换，这样会影响整体效果，所以需要下载和安装模板中所用字体。字体可以到相关网站下载，在 Windows 系统中，安装字体的方法很简单。

操作方法:

（1）打开要安装的字体文件所在的文件夹，单击选中字体文件（可按住键盘上的

Ctrl 键不放，使用鼠标左键依次单击选择字体文件，可多选），然后按键盘上的 Ctrl+C 组合键（不要按其中的“+”号），将字体文件复制。

（2）单击 Windows 系统最左下侧的【开始菜单】按钮，在出现的菜单中单击【W】|【Windows 系统】|【控制面板】，如图 3-6 所示。

（3）在出现的【控制面板】窗口中选择右上角【查看方式】下拉菜单中的【大图标】选项，如图 3-7 所示。

图 3-6

图 3-7

（4）单击窗口左下角的【字体】图标，在打开的如图 3-8 所示的【字体】窗口中，按键盘上的 Ctrl+V 组合键（不要按其中的“+”号），这样系统就自动将字体文件安装在电脑上了。

（5）字体安装完毕，单击窗口右上角的【关闭】按钮×，将该窗口关闭。

**提示：** 如果正在安装的字体已经安装在 Windows 中了，则会弹出如图 3-9 所示的提示信息，此时单击“是”按钮就可以继续安装后面的字体。

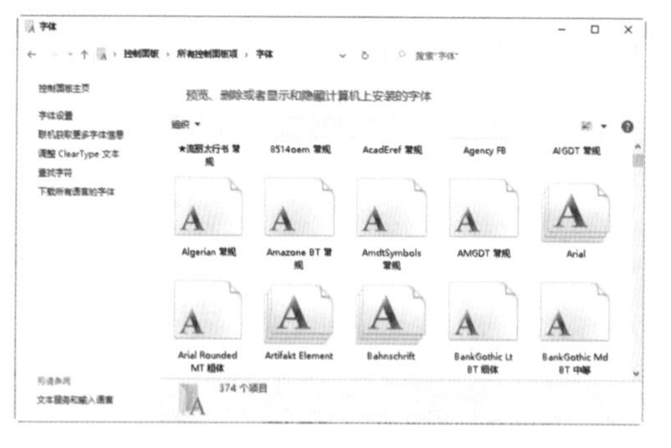


图 3-8

图 3-9

# 3.2 输入文本

## 3.2.1 输入文本

### 1. 通过占位符输入文本

新建演示文稿或插入新幻灯片后，幻灯片中会包含两个或多个虚线文本框，即占位符。占位符可分为文本占位符和项目占位符两种形式，如图 3–10 所示。

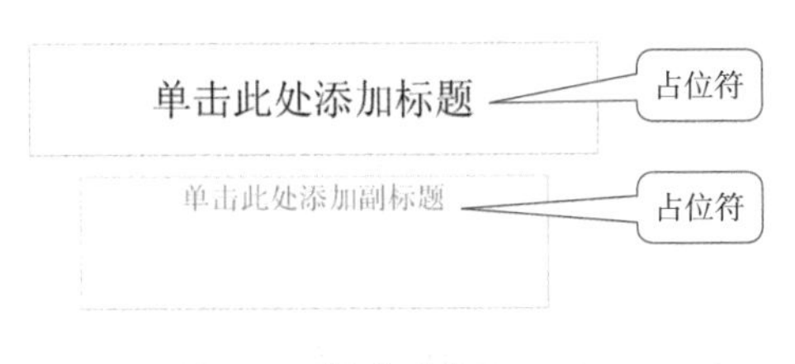


图 3–10

### 2. 通过文本框输入文本

幻灯片中除了可在占位符中输入文本外，还可以在空白位置绘制文本框来添加文本。使用该方式有更多的自由发挥的优势，实际使用中通常采用这种方式来输入文本。

**操作方法：**

（1）在打开的空白文档中删除里面的两个空白文本框；

（2）选择菜单【插入】，单击【文本】段落中的【文本框】按钮，在弹出菜单中选择【绘制横排文本框】命令，然后单击编辑区空白处，插入一个水平文本框，输入一段文字“这是第一张幻灯片”并将字号设置为“60”，颜色设置为“绿色”；单击选中文本框，把文本框拖到幻灯片的中间摆好，如图 3–11 所示。

图 3–11

## 3.2.2 调整文本框大小

**方法 1：**单击选中文本框，移动光标至文本框控制点上，当光标变为双向箭头时，使用鼠标左键直接拖动文本框控制点即可对大小进行粗略设置，如图 3–12 所示。

**方法 2：**使用鼠标右键单击文本框，在打开的菜单中选中【大小和位置】命令，在右侧打开【设置形状格式】任务窗格，如图 3–13 所示，在【大小】组下的【高度】和【宽度】输入框中就可以为文本框精准设置新的高度值和宽度值。

图 3–12

图 3–13

### 3.2.3 设置文本框格式

通过对文本框应用格式，可以将其进行美化。

操作方法：

（1）使用鼠标右键单击文本框，在打开的菜单中选中【设置形状格式】命令，在右侧打开【设置形状格式】任务窗格，如图 3–14 所示。该窗格的【形状选项】标签下有【填充与线条】、【效果】和【大小与属性】三个选项图标按钮。

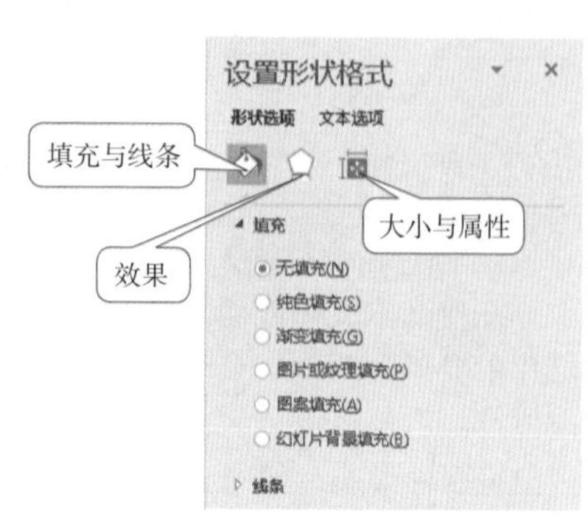


图 3–14

在【填充与线条】选项卡中，可以设置文本框的填充与边框。

（2）在【填充】选项组，可以设置绘图区域为【无填充】、【纯色填充】、【渐变填充】、【图片或纹理填充】、【图案填充】和【幻灯片背景填充】。

· 纯色填充。选中【纯色填充】单选按钮，然后单击【填充颜色】按钮，在打开的颜色面板中为填充指定一种颜色，如图 3–15 所示。图 3–16 为紫色填充的文本框效果。

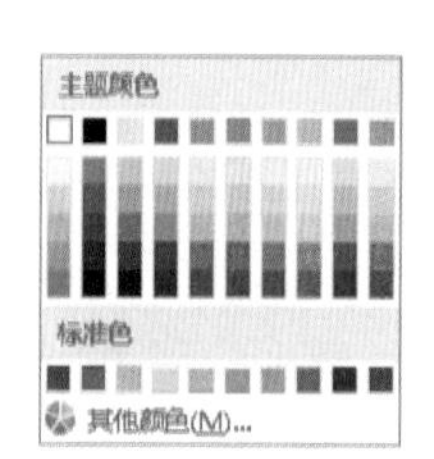


图 3–15

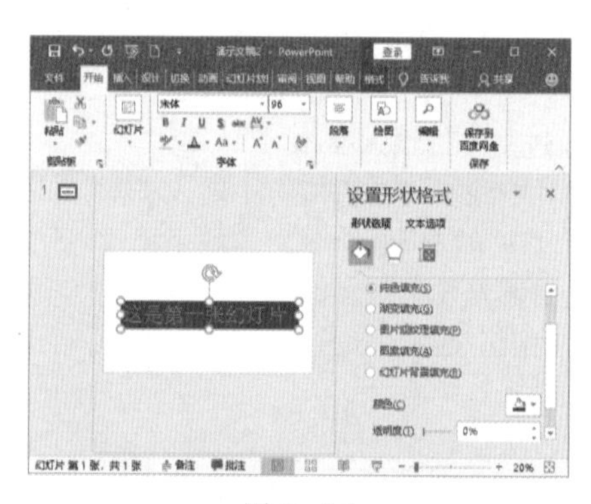


图 3–16

· 渐变填充。选中【渐变填充】单选按钮，【填充】分组变成如图 3–17 所示的样子，此时可以设置渐变填充的各种参数。图 3–18 为其中的一种效果。

图 3–17

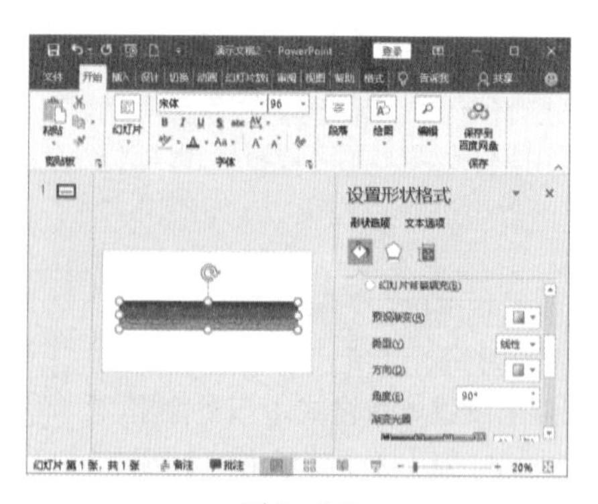


图 3–18

可以单击选中每一个渐变光圈点，为其设置不同的颜色、位置、透明度和亮度，如图 3–19 所示。

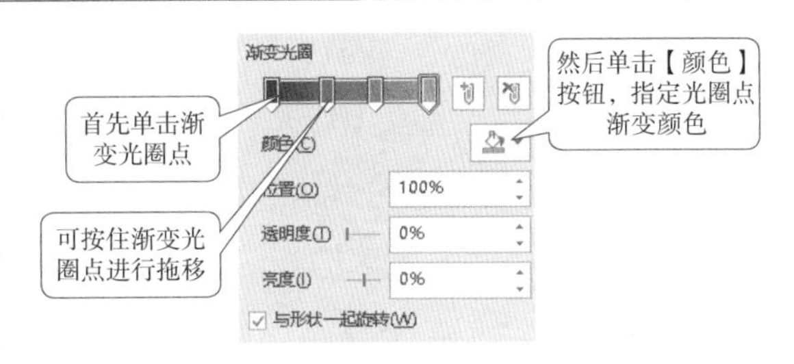

图 3–19

· 图片或纹理填充。选中【图片或纹理填充】单选按钮，【填充】分组变成如图 3–20 所示的样子。在【图片源】项下单击选择【插入】或【剪贴板】按钮，可以为绘图区域设置图片填充；在【纹理】项右侧单击【纹理】，可以为绘图区设置纹理填充。如图 3–21 为纹理填充的一种图表效果。

图 3–20

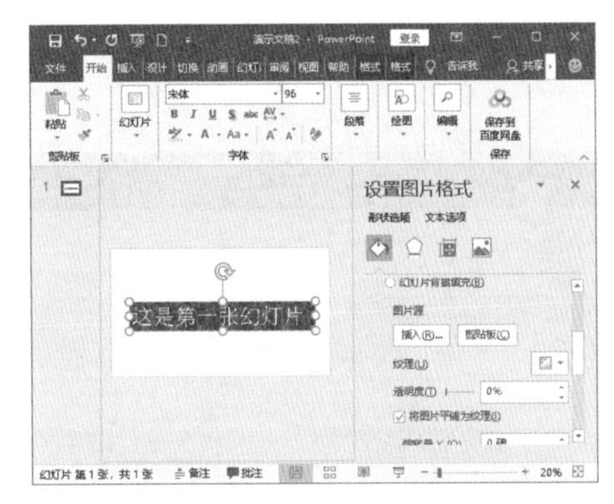

图 3–21

· 图案填充。选中【图案填充】单选按钮，【填充】分组变成如图 3–22 所示的样子。图 3–23 为图案填充的一种效果。

图 3–22

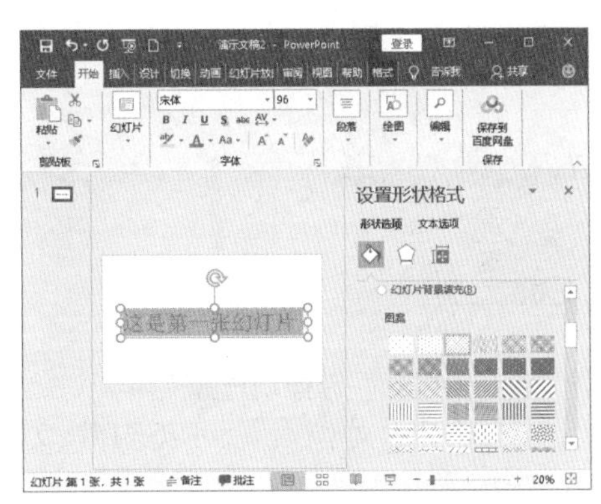

图 3–23

（3）在【效果】选项卡中，可以为绘图区指定阴影、映像、发光、柔化边缘、三维格式等效果，如图 3–24 所示。

图 3–25 为指定的三维效果图。

（4）在【大小与属性】选项卡中，可以设置文本框的大小和属性参数，如图 3–26 所示。

图 3-24

图 3-25

图 3-26

## 3.3 编辑输入的文本

### 3.3.1 选择文本

方法 1：利用鼠标左键拖动选择文本。

方法 2：单击选中文本框，就可以选择该文本框内的文本。

### 3.3.2 文本格式化

操作方法：

（1）选择文本或文本占位符，在【开始】|【字体】段落中可以对字体、字号、颜色等进行设置，还能单击【加粗】、【倾斜】、【下划线】、【文字阴影】等按钮为文本添加相应的效果，如图 3-27 所示。

（2）选择文本或文本占位符，在【开始】|【字体】组右下角单击【功能扩展】按钮，在打开的【字体】对话框中也可对文本的字体、字号、颜色等效果进行设置，如图 3-28 所示。

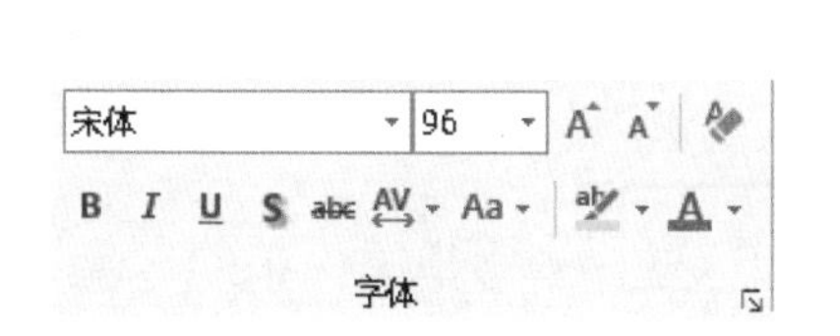


图 3-27

图 3-28

## 3.3.3　复制和移动文本

在 3.2.1 节中通过文本框输入文本的基础上，插入一个幻灯片，并删除新幻灯片中的两个占位符，如图 3-29 所示。

### 1. 在演示文稿内复制文本

**操作方法：**

（1）单击选中第一个幻灯片中的文本，选择【开始】菜单选项，单击【剪贴板】段落中的【复制】按钮。

（2）切换到第二个幻灯片，单击【剪贴板】段落中的【粘贴】按钮，在打开的下拉菜单中选择【选择性粘贴】图标，如图 3-30 所示。

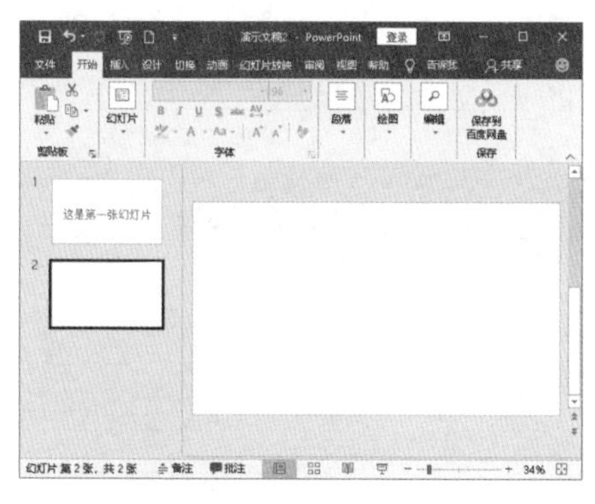


图 3-29

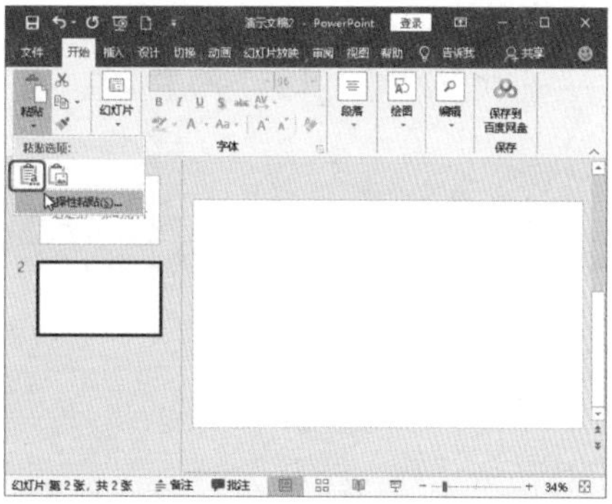

图 3-30

（3）复制的文本就被粘贴到新的位置，如图 3-31 所示。

### 2. 在演示文稿内移动文本

**操作方法：**

（1）单击选中第一个幻灯片中的文本，选择【开始】菜单选项，单击【剪贴板】段落中的【剪切】按钮。

（2）切换到第二个幻灯片，按 Ctrl+V 快捷键，文本就被剪切到了第二个幻灯片中，如图 3–32 所示。第一个幻灯片中的相应文本就没有了。将演示文稿保存为“简单演示文稿”。

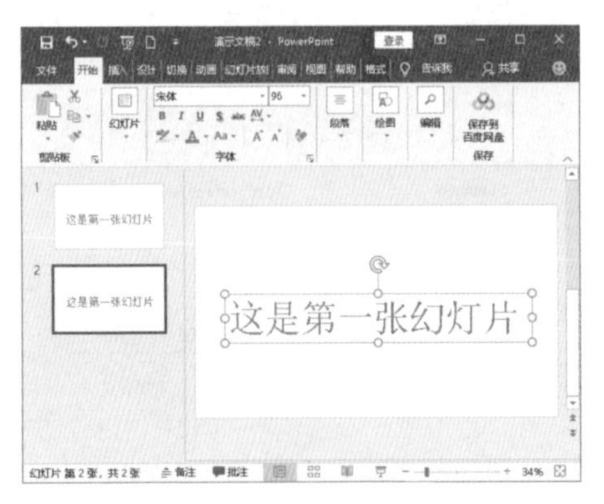


图 3–31

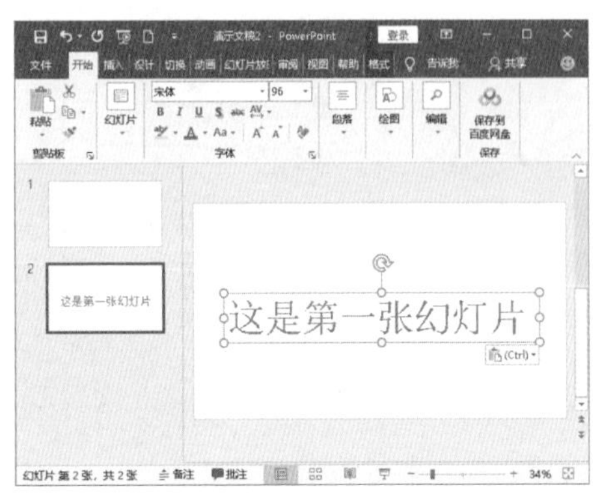


图 3–32

在不同演示文稿之间复制和移动文本的操作方法大同小异，只是切换的位置是在两个演示文稿之间的幻灯片中进行的。

### 3.3.4 删除与撤销删除文本

**1. 删除文本**

**方法 1**：选中文本，按键盘上的 Delete 键或者 Backspace 键（退格键）。

**方法 2**：定位光标，按键盘上的 Delete 键即可删除光标之后的文本，按 Backspace 键（退格键）即可删除光标之前的文本。

**2. 撤销删除文本**

单击快速访问工具栏上的【撤销】按钮，即可撤销删除。

## 3.4 美化文本段落

### 3.4.1 设置文本段落对齐方式

选中文本，选择【开始】菜单选项，在【段落】段落中，单击相应的按钮就可以对文本应用各种格式，如图 3–33 所示。

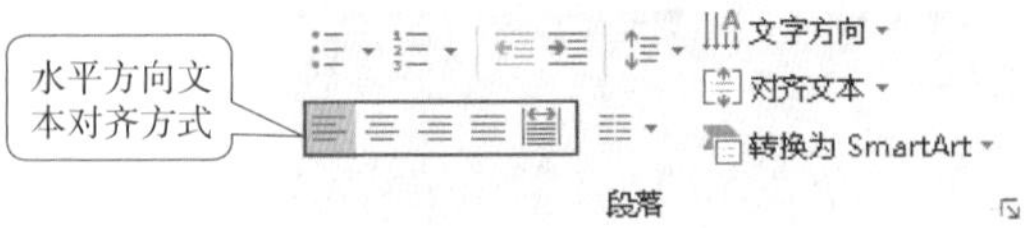

图 3–33

也可以单击【段落】段落右下角的【功能扩展】按钮，打开如图 3–35 所示的【段落】对话框，设置段落格式。

### 3.4.2 设置文本段落行间距及段落间距

在 PPT 幻灯片中设置段落间距和行间距的方法，与 Word 有很大的不同，设置方法如下。

操作方法：

（1）打开“H5 分销 PPT.pptx”，切换到第 4 张幻灯片中，选择要设置段落间距和行间距的文本框，如图 3-34 所示。

（2）在【开始】菜单选项卡中，单击选择【段落】段落中的【行距】按钮，在下拉菜单中单击【行距选项】；或单击【段落】段落右下角的【功能扩展】按钮，打开如图 3-35 所示的【段落】对话框。

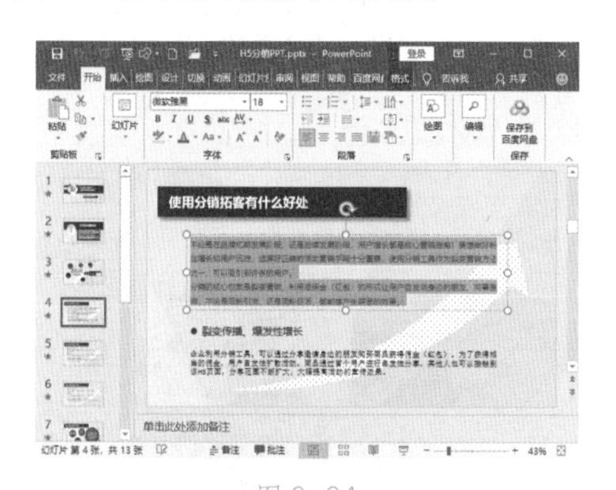


图 3-34

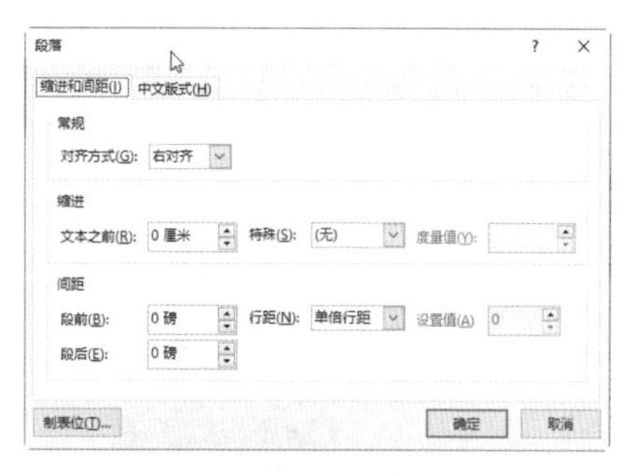


图 3-35

· 在【间距】下的【段前】和【段后】文本输入框中输入具体的磅值，可以设置文本段落的间距大小。

· 在【行距】项的下拉菜单中，可以选择行距大小，如图 3-36 所示。如果是选择【多倍行距】或【固定值】选项，则可以在其后的【设置值】文本输入框中输入具体的数字来精确指定行距大小。

（3）设置完毕，单击【确定】按钮关闭对话框即可。图 3-37 为选择【对齐方式】为【两端对齐】、【行距】为【2 倍行距】文本段落效果。

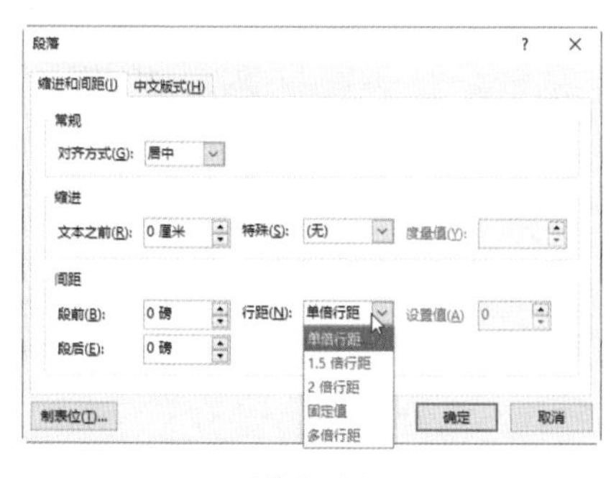


图 3-36

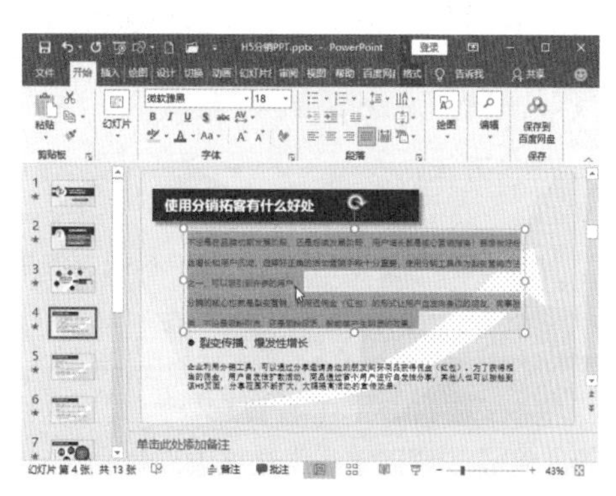


图 3-37

### 3.4.3 为文本段落添加项目符号和编号

打开“提案 定稿 .pptx”文档，切换到第 8 张幻灯片中，如图 3–38 所示。这里有四个文本框。将四个文本框中的文本前的序号清除。

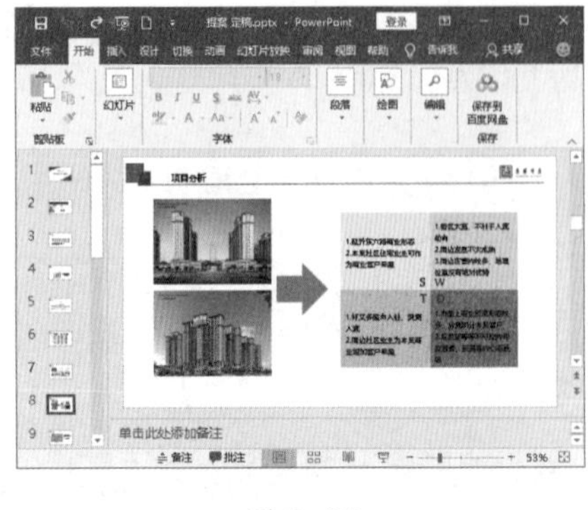

图 3–38

**1. 为文本添加项目符号**

单击选中第一个文本框，选择【开始】菜单选项，单击【段落】段落中的【项目符号】按钮，为文本添加项目符号。依次对其余三个文本段落使用相同的操作，最后效果如图 3–39 所示。

**2. 为文本添加编号**

分别单击选中四个文本段落，分别对其进行如下操作：单击【段落】段落中的【编号】按钮，并对文本框大小和位置稍做调整，效果如图 3–40 所示。

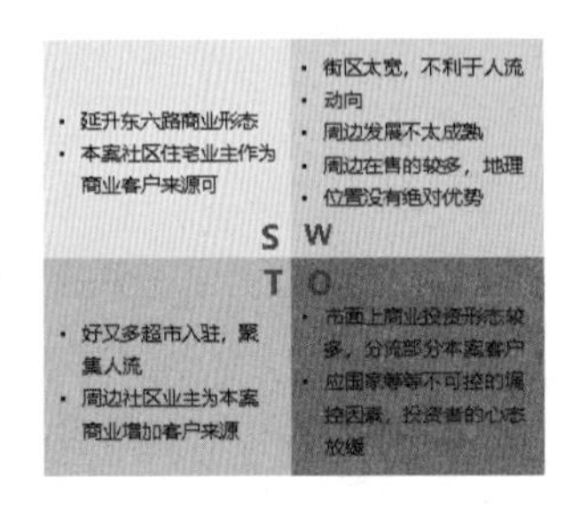


图 3–39

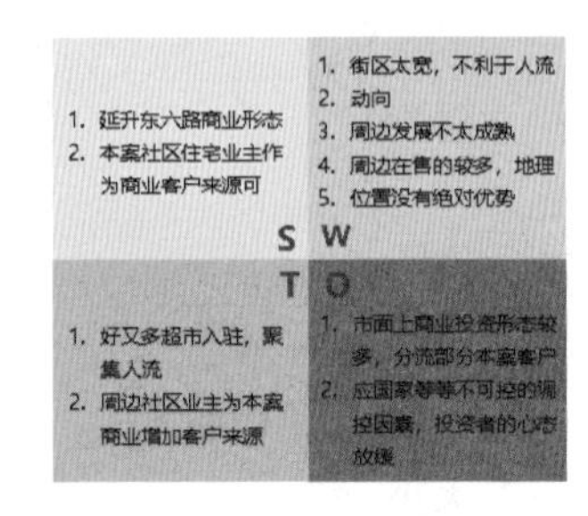


图 3–40

### 3.4.4 设置文本分栏

在使用 PPT 制作 PPT 文档时，单一的文字格式看起来非常的无聊，这时候可将文字多的内容进行分栏。那么如何在 PPT 中将文档进行分栏呢？

操作方法：

（1）打开“文本分栏 .pptx”。

（2）右击要设置分栏的文本框，在弹出的右键菜单中选择【设置形状格式】命令，如图 3–41 所示。

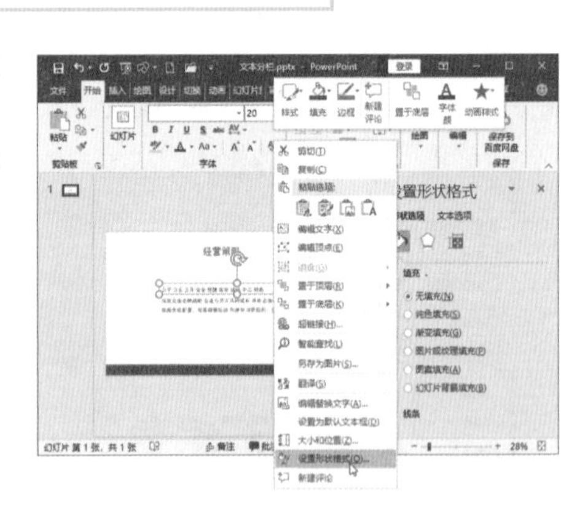

图 3–41

（3）在打开的【设置形状格式】任务窗格中，单击顶部的【文本选项】，然后单击切换至【文本框】菜单选项卡标签，如图 3–42 所示。

（4）单击【分栏】按钮，打开【栏】对话框，设置好分栏的【数量】，再设置好分栏的【间距】，最后单击【确定】按钮即可，如图 3–43 所示。

（5）调整一下文本框的大小，分栏效果如图 3–44 所示。

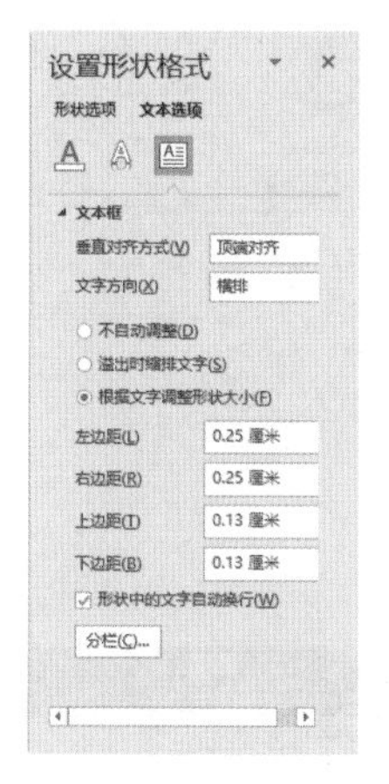


图 3–42

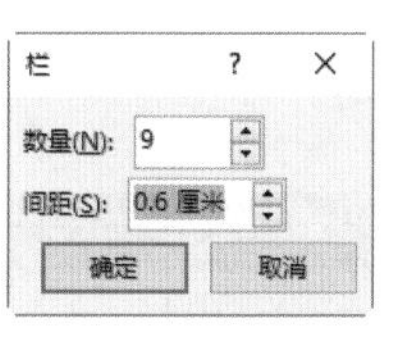


图 3–43

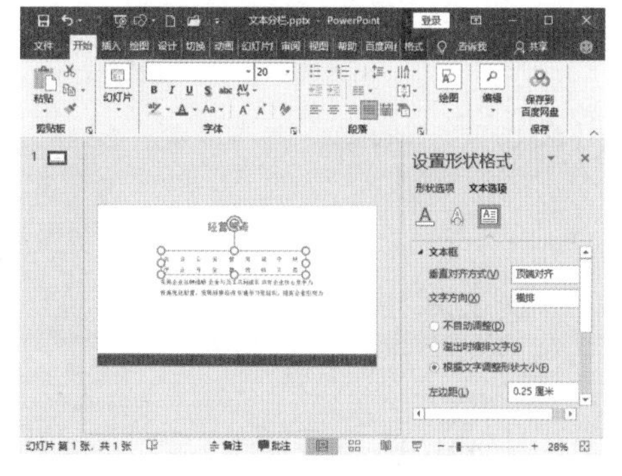


图 3–44

（6）将其另存为“文本分栏 – 调整后 .pptx”。

### 3.4.5　旋转文本

操作方法：

单击选中文本框，将鼠标光标放置于文本框顶部出现的旋转按钮，按住光标，左右移动，就可以自由旋转文本，如图 3–45 所示。

图 3–45

### 3.4.6　设置路径文字

路径文字就是文字按照一定的路径移动，实现方法很简单。

操作方法：

（1）输入要创建路径的文字，然后单击将其选中，如图 3–46 所示。

（2）执行【格式】|【艺术字样式】|【文本效果】命令，在弹出菜单中选择【转换】命令，然后在打开的下一级窗口中单击选择一种效果，就为文本创建了路径效果，如图 3–47 所示。

图 3-46

图 3-47

## 3.4.7 为文本应用形状样式

操作方法：

（1）选中要应用样式的文本，选择【格式】菜单选项卡，然后单击【形状样式】段落中的【其他】按钮▾，如图 3-48 所示。

（2）在打开的如图 3-49 所示的样式窗口中，单击选择一种样式，就可以将该样式应用到被选中的文本上。

图 3-50 为应用其中一种样式后的效果。

图 3-48

图 3-49

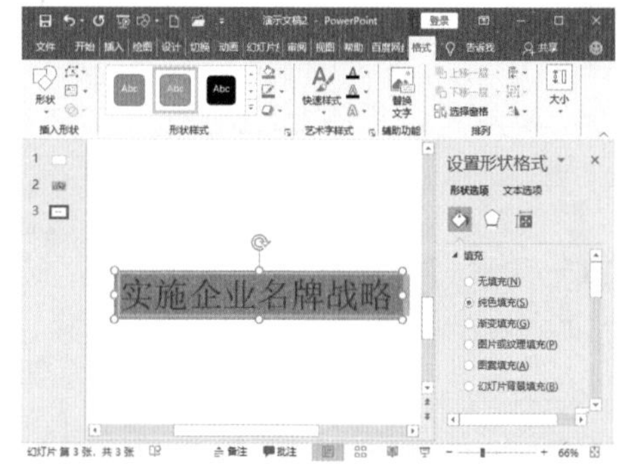

图 3-50

## 3.4.8 设置文本方向

文本的方向除了横向、竖向和斜向外，还可以有更多的变化。设置文本的方向不但可以打破定式思维，而且还增加了文本的动感，让文本别具魅力，达到吸引观众注意的目的。

以打开“生产木材 .pptx”为例进行讲解。

· 竖向：中文文本进行竖向排列与传统习惯相符，竖向排列的文本可以增加文本页面的文化感，如果加上竖向线条修饰则更加有助于观众的阅读，如图 3–51 所示。

· 斜向：中英文文本都能斜向排列，展示时能带给观众强烈的视觉冲击力，设置斜向文本时，内容不宜过多，且配图和背景图片最好都与文本一起倾斜，让观众顺着图片把注意力集中到斜向的文本上，如图 3–52 所示。

图 3–51

图 3–52

· 十字交叉：十字交叉排列的文本在海报设计中比较常见，十字交叉处是抓住眼球焦点的位置，通常该处的文本应该是内容的重点，这一点在制作该类型文本时应该特别注意，如图 3–53 所示。

· 错位：文本错位是美化文本的常用技巧，也是在海报设计中使用得较多的。错位的文本往往能结合文本字号、颜色和字体类型的变化，制作出专业性很强的效果。如果表现的内容有很多的关键词，就可以使用错位美化文本，偶尔为关键词添加一个边框，可能就会得到意想不到的精彩效果，如图 3–54 所示。

图 3–53

操作方法：

执行【开始】|【段落】|【文字方向】命令，在弹出的下拉窗口中单击相应的选项就可以设置文字的一些基本方向，如图 3–55 所示。

图 3–54

图 3–55

也可以借助【格式】|【排列】|【旋转】命令旋转文本或形状。

## 3.5 插入特殊符号和批注

### 3.5.1 插入特殊符号

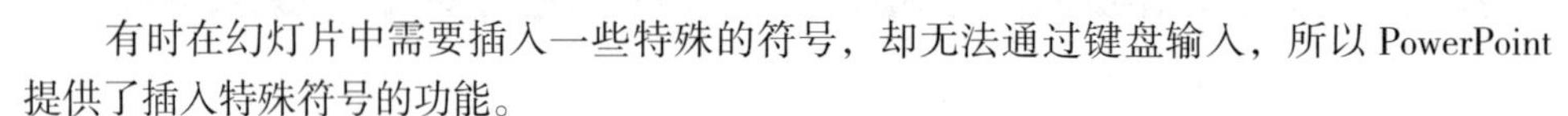

有时在幻灯片中需要插入一些特殊的符号，却无法通过键盘输入，所以 PowerPoint 提供了插入特殊符号的功能。

操作方法：

（1）单击【插入】|【符号】命令，打开如图 3-56 所示的【符号】对话框。

（2）在【字体】下拉列表中选择相应的字体，在【子集】下拉列表中选择一种符号分类，就会显示不同的符号，如图 3-57 所示。然后在列表中选择要插入的符号，单击【插入】按钮，即可插入该符号，最后单击【关闭】按钮关闭对话框。

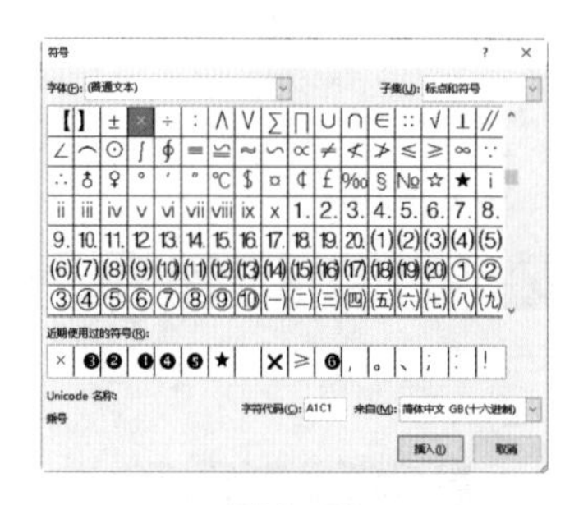


图 3-56

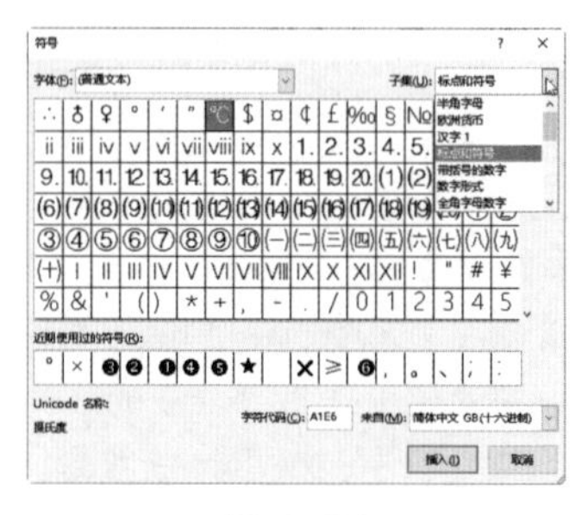


图 3-57

### 3.5.2 插入批注

批注只有在设计幻灯片的时候才能看到，在幻灯片放映的时候不会显示出来，所以不必担心它会破坏版面。为了让日后修改、管理演示文稿时更加方便，可以在每张幻灯片中添加批注。

操作方法：

（1）切换到要插入批注的幻灯片，单击状态栏中按钮 批注，就会在编辑区右侧打开【批注】任务窗格，如图 3-58 所示。

（2）单击【新建】按钮，在下方出现一个文本输入框，输入批注内容，如图 3-59 所示。

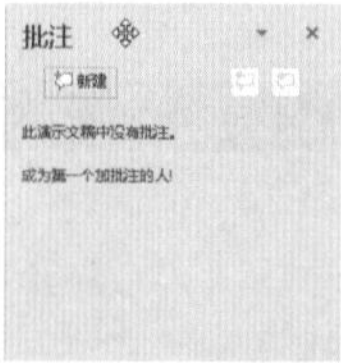

图 3-58 　　图 3-59

（3）输入完毕，单击窗格右上角的【关闭】按钮关闭任务窗格。同时，在幻灯片编辑区的左上角出现批注标记，如图 3-60 所示。要想查看批注，只要单击该标记，就会在右侧出现任务窗格并显示批注内容，如图 3-61 所示。

图 3-60

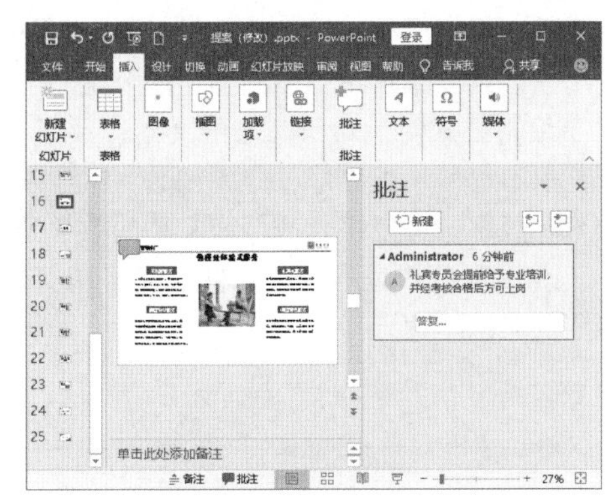


图 3-61

## 3.5.3　插入公式

要在幻灯片中插入各种公式，可以使用公式编辑器输入统计函数、数学函数、微积分方程式等复杂公式。

**操作方法：**

单击【插入】菜单选项卡，在【符号】段落中单击【公式】图标π，在打开的如图 3-62 所示的窗口中单击选择相应的公式编辑器即可。

比如选择【二项式定理】，就在幻灯片编辑区插入了如图 3-63 所示的公式。

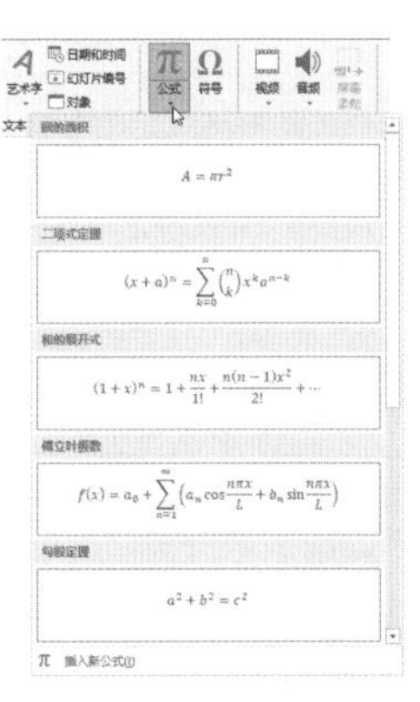


图 3-62

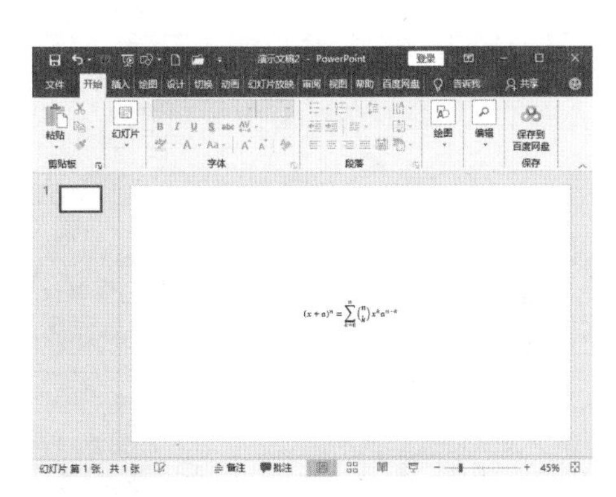

图 3-63

启动了公式工具以后，在 PPT 窗口顶部就出现了【公式工具】字样，并且在菜单栏上多了一个关于公式的【设计】菜单选项卡，如图 3-64 所示。

图 3-64

公式的【设计】菜单选项卡中用途最大的是功能区中的【符号】段落和【结构】段落，利用它们可以编辑各种不同类型的公式。

编辑公式时，对于一般的文本、数字和符号都可以用键盘输入。对于一些特殊的符号，如不等号、积分号、分式、上下标等，则用【结构】段落中的命令来输入。由模板、符号和数字，可以组合成任何复杂的数学公式。

在编辑公式过程中，同样可以采用剪切、复制、粘贴、移动等操作。操作中可以用一些快捷键迅速选择对象和移动光标，如表 3–1 所示。

表 3–1　用键盘在公式中移动光标

| 按　键 | 作　用 |
|---|---|
| Tab | 插槽的结尾，如果插入点已在结尾，移动到下一个逻辑插槽 |
| Shift+Tab | 上一个插槽的结尾 |
| 左（右）箭头 | 在当前的插槽中左（右）移一个单位 |
| 上（下）箭头 | 上（下）移一行 |
| Home | 当前插槽的开始处 |
| End | 当前插槽的结尾处 |

由于 Tab 键起移动作用，因此要在插槽中插入制表符，要按 Ctrl ＋ Tab 组合键。移动光标最佳的方法还是使用鼠标，使用鼠标选定区域的方法如表 3–2 所示。

表 3–2　使用鼠标选定区域

| 在公式中选定 | 操　作 |
|---|---|
| 公式中的区域 | 单击起始点并拖过区域，或按住 Shift 键，当指针变为一箭头轮廓时，单击该符号 |
| 样板内的符号 | 按下 Ctrl 键，当指针变为一箭头轮廓时，单击该符号 |
| 插入内容 | 双击插入槽内任意位置 |
| 矩阵 | 在矩阵内拖过各表达式，可将它们选定 |
| 完整公式 | 单击插槽里面的任意位置，然后按 Ctrl+A 快捷键 |

## 3.6 艺术字的妙用

首先打开“提案定稿 .pptx”演示文稿，切换到最后一页幻灯片，将“感谢收看”文本框和公司 LOGO 删除掉，如图 3–65 所示。下面讲解艺术字的插入和编辑方法。

图 3–65

## 3.6.1 插入艺术字

操作方法：

（1）选择【插入】菜单选项，单击【文本】段落中的【艺术字】按钮，在打开的下拉列表中选择第 3 排第 4 个艺术字样式选项，如图 3–66 所示。

（2）然后在提示文本框【请在此放置您的文字】中输入艺术字文本“祝您万事如意”。如图 3–67 所示。

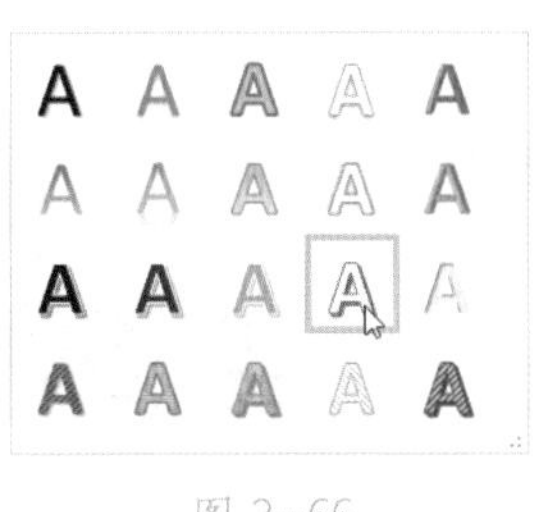

图 3–66

图 3–67

## 3.6.2 编辑艺术字

在幻灯片中插入艺术字文本后，将自动激活【格式】菜单选项，在其中可以通过不同的组对插入的艺术字进行编辑，如图 3–68 所示。

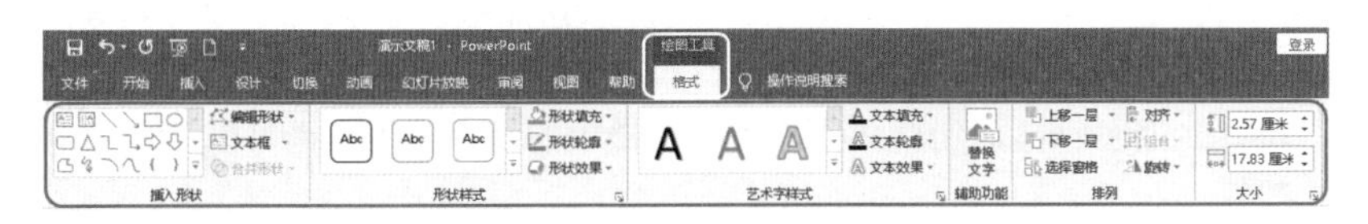


图 3–68

操作方法：

（1）单击选中输入的艺术字，然后单击【格式】菜单选项中的【艺术字样式】段落中的【文本效果】按钮，在打开的下拉菜单中选择【棱台】命令，然后在出现的列表框中选择【棱台】选项的【分散嵌入】图标，如图 3–69 所示。此时的艺术字效果如图 3–70 所示。

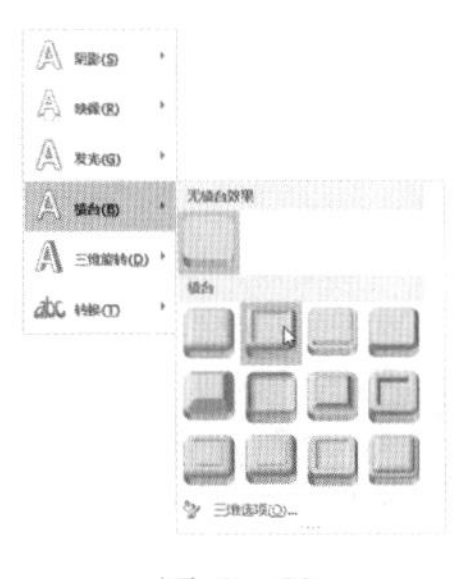

图 3–69

图 3–70

（2）单击【格式】菜单选项中的【艺术字样式】段落中的【文本填充】按钮，在打开的下拉菜单中选择【纹理】命令，然后在出现的列表框中单击选择【白色大理石】图标，如图 3–71 所示。此时的艺术字效果如图 3–72 所示。

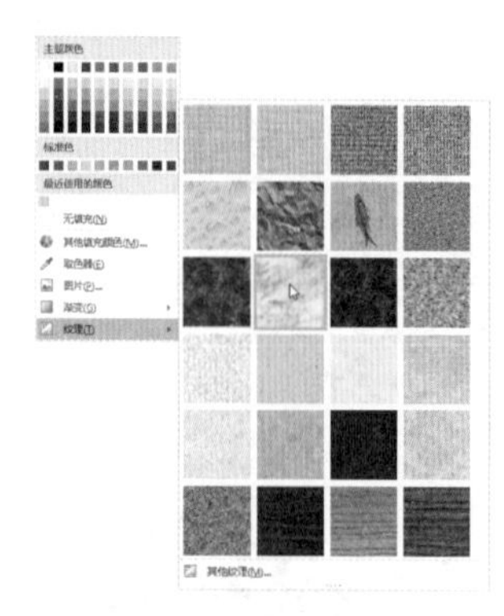

图 3–71

图 3–72

## 3.7 创建超链接

当看到演示文稿中的超链接时，单击带下划线的文本以打开或跟踪超链接。当链接打开时，幻灯片放映保持活动状态。如果返回幻灯片，则需要关闭链接的网页或文件。

在 PowerPoint 幻灯片中创建基本 Web 超链接的最快方式是在键入现有网页地址（如 http://www.contoso.com）后按 Enter 键。

可以链接到网页、链接到新文档或现有文档中的某个位置，也可以开始向电子邮件地址发送邮件。

创建超链接的具体方法如下：

（1）在幻灯片编辑区中选择要添加超链接的对象。

（2）在【插入】|【链接】段落中单击【链接】按钮或按 Ctrl+K 组合键，打开【插入超链接】对话框，如图 3–73 所示。

图 3–73

（3）在左侧的【链接到】列表中提供了四种不同的链接方式，选择所需链接方式后，在中间列表中按实际链接要求进行设置，完成后单击【确定】按钮，即可为选择的对象添加超链接效果。

在放映幻灯片时，单击添加链接的对象，即可快速跳转至所链接的页面或程序。

## 3.8 如何在插入文字时不改变对象大小

一般情况下，如果插入较多文字后，被插入的对象往往会自动改变大小以适应文字。

怎么才能保证对象不变呢？

操作方法：

（1）执行【文件】|【选项】命令，打开【PowerPoint 选项】对话框。

（2）切换到【校对】标签，单击【自动更正选项】分组下的【自动更正选项】按钮，如图 3–74 所示。

（3）在打开的【自动更正】对话框中，清除【根据占位符自动调整正文文本】复选框，如图 3–75 所示。

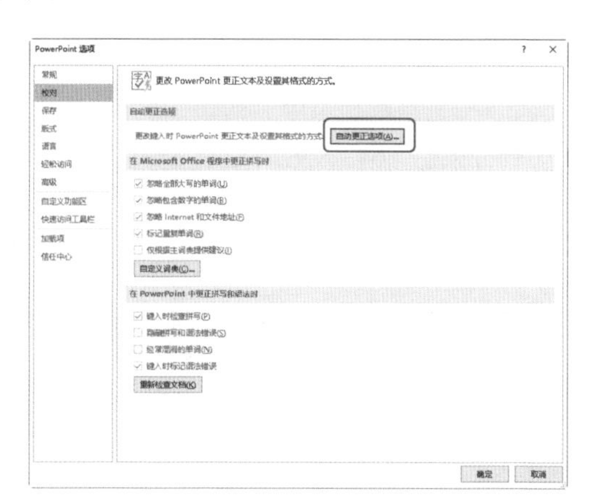


图 3–74

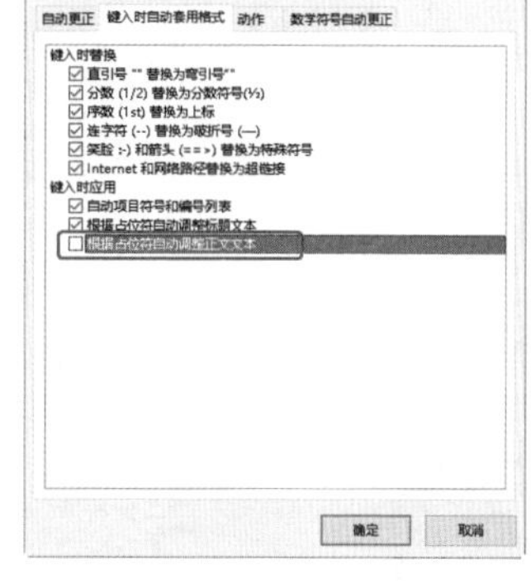


图 3–75

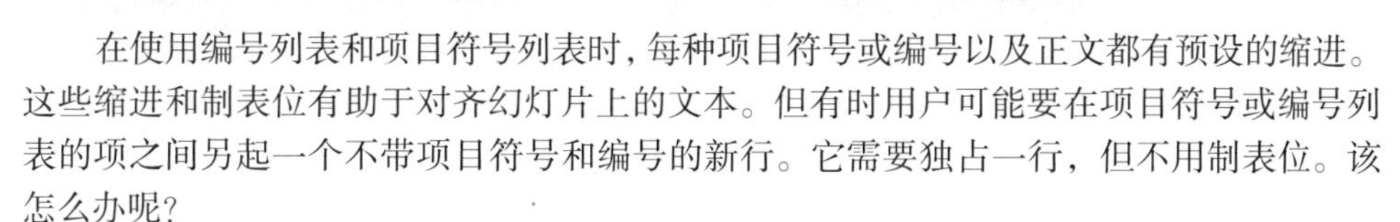

## 3.9 怎样在段落中另起新行而不用制表位

在使用编号列表和项目符号列表时，每种项目符号或编号以及正文都有预设的缩进。这些缩进和制表位有助于对齐幻灯片上的文本。但有时用户可能要在项目符号或编号列表的项之间另起一个不带项目符号和编号的新行。它需要独占一行，但不用制表位。该怎么办呢？

用户只需要按 Shift+Enter 组合键，即可另起新行，如图 3–76 所示。

提示：不能直接使用 Enter 键，否则系统自动会给下一行添上制表位，会自动套用项目符号或编号，如图 3–77 所示。

图 3–76　　图 3–77

## 3.10 怎样在 PPT 任何位置插入日期和时间

一般的用户都知道，可以在幻灯片的页眉页脚里添加日期、时间。实际上，幻灯片中的任意一个位置，用户都可以添上时间和日期。

操作方法：

（1）将鼠标定位到要插入日期和时间的地方。

（2）在【插入】|【文本】段落中单击【日期和时间】按钮，弹出【日期和时间】对话框。

（3）选择自己喜欢的时间格式，如图 3-78 所示。

（4）如果要保持日期和时间随着时间的推移而变化，就选定【自动更新】选项，否则以后打开幻灯片时显示的还是插入时的时间。

（5）单击【确定】按钮，结束操作。效果如图 3-79 所示。

图 3-78

图 3-79

# 第 4 章

# 图片制作攻略

本章导读

4.1 插入图片

4.2 对图片进行修饰

4.3 压缩图片为 PPT“瘦身”

4.4 如何使文字和图形一起移动和旋转

4.5 怎样将图片文件用作项目符号

4.6 为何不能调整文本或图形等对象的大小

# 4.1 插入图片

打开“售楼处体验式服务 .pptx”演示文稿，如图 4-1 所示，讲解插入与编辑图片的方法。

## 4.1.1 使用【插入】菜单选项插入本机图片

操作方法：

（1）将光标移至当前幻灯片，选择【插入】菜单选项卡，单击【图像】段落中的【图片】按钮，然后选择【此设备】选项，如图 4-2 所示。

图 4-1

图 4-2

（2）在打开的【插入图片】对话框中选择需要需插入图片所在的保存位置，然后选择需插入的图片，如图 4-3 所示。

（3）单击【插入】按钮，将图片插入当前幻灯片中，如图 4-4 所示。

图 4-3

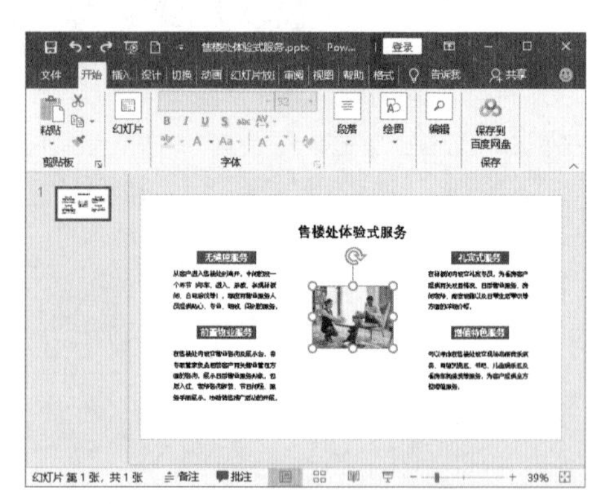

图 4-4

### 4.1.2　利用复制 | 粘贴命令插入本机图片

**操作方法：**

（1）在电脑文件夹中选中要插入的图片，使用鼠标右击该图片，从弹出菜单中选择【复制】命令。

（2）切换至演示文稿中要插入图片所在幻灯片，然后使用 Ctrl+V 快捷键粘贴图片。

### 4.1.3　替换图片

在这里使用联机图片进行替换为例讲解如何替换图片。

**操作方法：**

（1）右击要替换的图片，在弹出菜单中选择【更改图片】|【来自在线来源】命令，如图 4-5 所示。

（2）在打开的【联机图片】窗口的文本输入框中输入要查找的图片类型，在这里输入“礼宾”，然后按 Enter 键。单击选择搜索结果列表框中的图片，如图 4-6 所示。

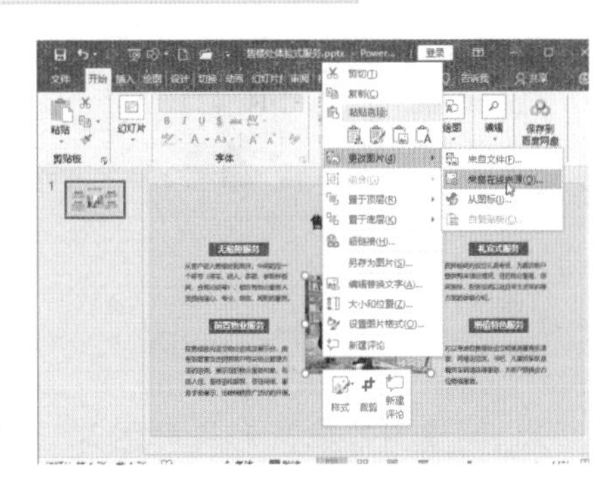

图 4-5

**提示：** 为了扩大搜索范围，在这里取消【仅限 Creative Commons】复选项。

（3）单击【插入】按钮，幻灯片中被选中的图片就被替换成新图片了，如图 4-7 所示。

图 4-6

图 4-7

## 4.2 对图片进行修饰

### 4.2.1　调整图片大小

**方法 1：** 单击选中图片，当光标变为双向箭头形状时，使用鼠标左键拖动图片控制

点即可对大小进行粗略设置。直接拖动四个角上的斜双向箭头可对图片进行整体缩放，如图 4–8 所示。

**方法 2**：选中图片，选择【格式】菜单选项卡，然后在【大小】段落中的【高度】和【宽度】文本输入框中输入数值来精确调整图片大小，如图 4–9 所示。

图 4–8

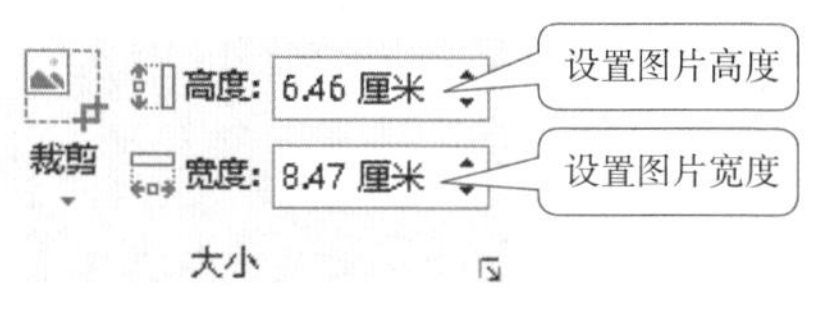


图 4–9

### 4.2.2 调整图片位置和旋转图片

单击选中图片，将光标放置于图片上，当光标变为双向十字箭头形状时，按住鼠标左键直接拖动即可移动图片位置，如图 4–10 所示。

单击图片上方的旋转按钮，可对图片进行旋转操作。

图 4–10

### 4.2.3 设置图片的叠放次序

当插入的图片有两张或两张以上的时候，插入的图片可能会叠放在一起，如图 4–11 所示。

**处理方法**：

（1）将图片分别挪开，调整图片大小，并摆放好位置，如图 4–12 所示。

（2）如果要摆放在一起，则可以使用鼠标右键单击某张图片，从弹出菜单中选择如图 4–13 中的命令来设置叠放次序。

效果如图 4–14 所示。

图 4-11

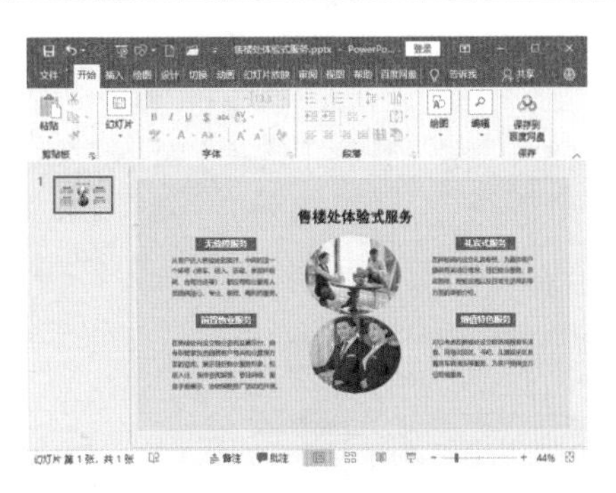


图 4-12

图 4-13

图 4-14

### 4.2.4 裁剪图片

操作方法:

（1）选中图片，选择【格式】菜单选项的【大小】段落中的【裁剪】按钮，此时图片的边缘和四角处会显示黑色裁剪图柄，如图 4-15 所示。

（2）执行下列任一操作可裁剪图像。

· 裁剪某一侧：将侧边裁剪图柄向内拖曳。

· 同时裁剪相邻的两边：将角落处的裁剪图柄向内拖曳。

· 同时等量裁剪平行的两条边：按住 Ctrl 键的同时将侧边裁剪图柄向内拖曳。

还可以【向外裁剪】或在图片周围添加边距，方法是向外拖动裁剪图柄，而不是向内拖动。

（3）裁剪完成后，按 Esc 键或单击幻灯片中的图片外的任意位置即可退出裁剪状态。

图 4-15

提示：若要重置裁剪区域，则更改裁剪区域（通过拖动裁剪框的边缘或四角）或移动图片。

### 4.2.5　将图片裁剪为不同的形状

选中图片，选择【格式】菜单选项卡，单击【大小】段落中的【裁剪】按钮下方的向下箭头，在弹出菜单中选中【裁剪为形状】命令，打开形状选择面板，如图 4–16 所示。在这里选择【基本形状】下面的【椭圆】，此时图片效果如图 4–17 所示。

图 4–16

裁剪前

裁剪后

图 4–17

### 4.2.6　调整图片的亮度和对比度

选中图片，选择【格式】菜单选项卡，单击【调整】段落中的【校正】按钮，在打开的面板中，单击选择【亮度 / 对比度】组中的图标，可更改图片的【亮度和对比度】，如图 4–18 所示。

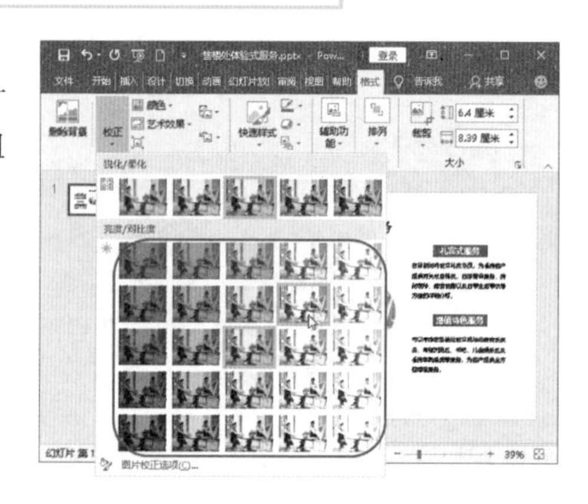

图 4–18

### 4.2.7　对图片应用快速样式

选中图片，选择【格式】菜单选项卡，单击【图片样式】段落中的快速样式右下角的【其他】按钮，展开快速样式面板，如图 4–19 所示。

单击其中某一样式，就可以为图片应用该样式。图 4–20 为图片应用【棱台矩形】样式的效果。

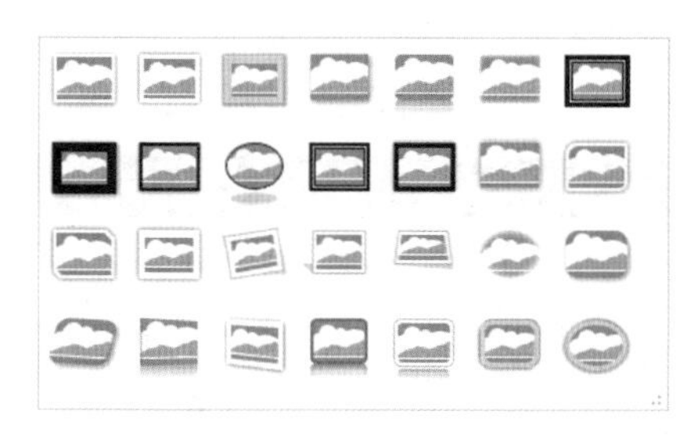

图 4-19

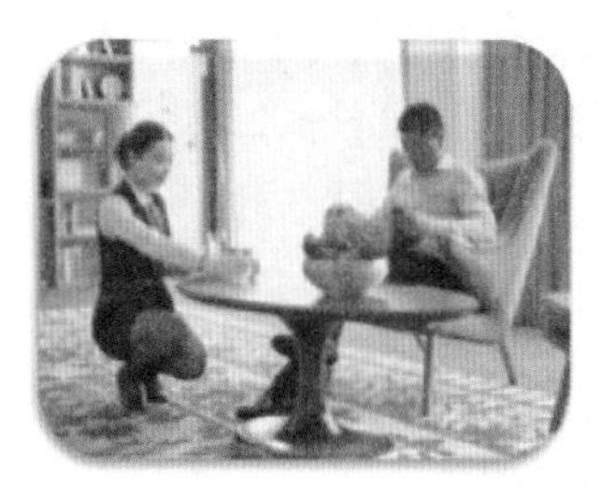

图 4-20

### 4.2.8 利用图片填充文字

PPT 中的文字怎么填充为图片？大家有没有想过，为什么同样是制作 PPT，别人做出来的就是比你自己制作的好看呢？原因其实很简单，别人在用的制作技巧你可能还不知道！

PowerPoint
设置形状格式
生日庆典

图 4-21

操作方法：

（1）选中文本文字，如图 4-21 所示。

（2）右击文本框，从弹出菜单中选择【设置形状格式】命令，打开【设置形状格式】任务窗格。

（3）单击【文本选项】栏，切换到【文本轮廓与填充】选项卡标签中。

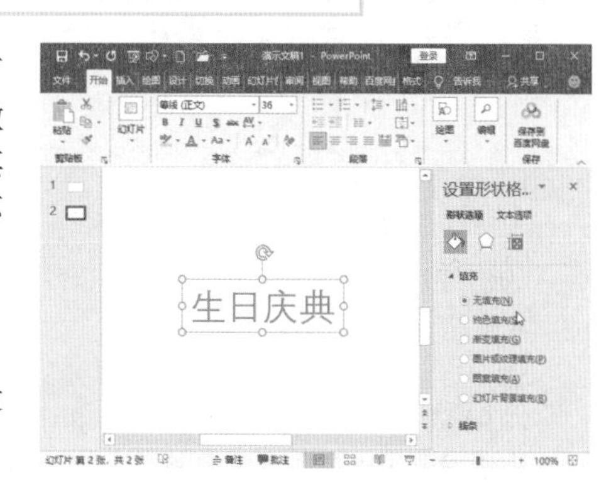

（4）单击选择【文本填充】下的【图片或纹理填充】单选项，如图 4-22 所示。

（5）单击【图片源】下的【插入】链接按钮，打开如图 4-23 所示的【插入图片】对话框。

PowerPoint
设置形状格式...
生日庆典

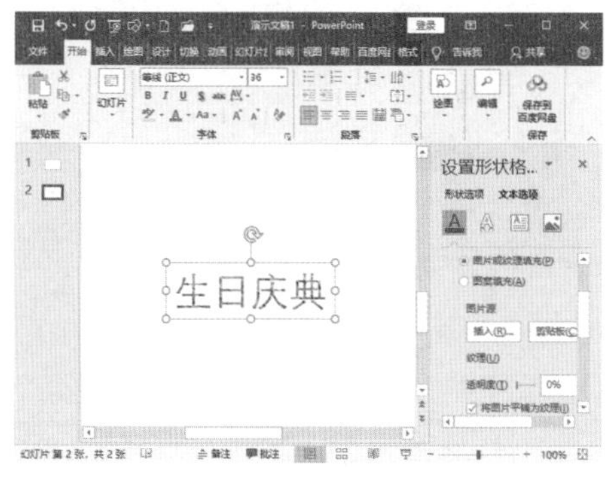

图 4-22

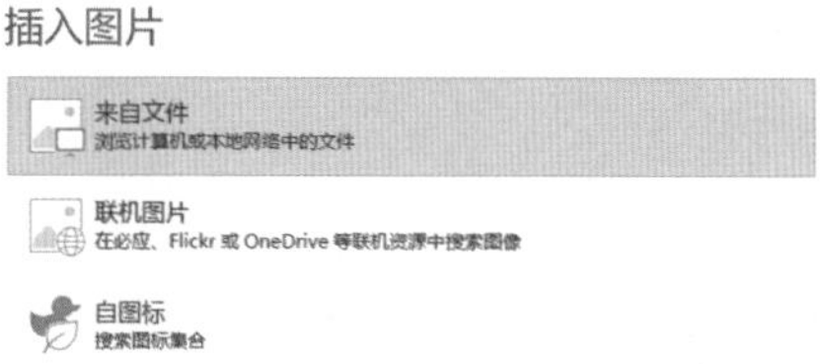
插入图片
来自文件
浏览计算机或本地网络中的文件
联机图片
在必应、Flickr 或 OneDrive 等联机资源中搜索图像
自图标
搜索图标集合

图 4-23

（6）选择一种图片插入方式插入图片即可。在这里单击选择【联机图片】，在打开的窗口中选择一幅要插入的图片，如图 4-24 所示。

（7）单击【插入】按钮，所选择图片的效果就被应用到了所选文字上，再调整一下文字字号，效果如图 4–25 所示。

图 4–24

图 4–25

## 4.2.9　设置幻灯片背景格式

为幻灯片设置背景，可以增强幻灯片的整体效果。要注意的是背景配色要与所插入的图片风格和文本所使用的颜色协调。

操作方法：

（1）选择【设计】菜单选项卡，单击【自定义】段落中的【设置背景格式】按钮，打开【设置背景格式】任务窗格，如图 4–26 所示。

（2）选择【填充】组下的【纯色填充】、【渐变填充】、【图片或纹理填充】或【图案填充】设置幻灯片背景。图 4–27 所示为应用纯色填充的一种背景效果。

图 4–26

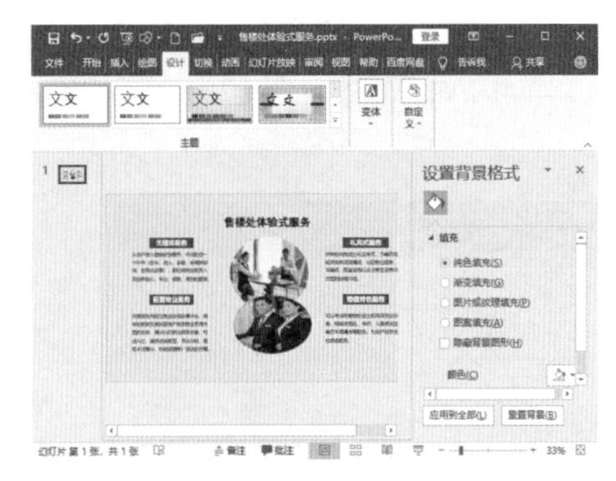


图 4–27

## 4.2.10　删除 / 隐藏 PPT 中的背景图片

在 PPT 中使用模板或者其他的带有背景的 PPT 的时候，怎样删除或隐藏背景的图片呢？

操作方法：

（1）在设计模板中，选择一个 PPT，查看背景情况。执行【文件】|【新建】命令，

单击选择【建议的搜索】右侧的【主题】链接按钮，在打开的页面中，右击主题名称为【麦迪逊】的PPT模板，在弹出菜单中选择【创建】命令创建一个PPT，如图4–28所示。

（2）在新创建的“麦迪逊”PPT中，右击幻灯片编辑区，从弹出菜单中选择【设置背景格式】命令，如图4–29所示。

（3）在打开的【设置背景格式】任务窗格中选中【隐藏背景图形】复选项，这样就将幻灯片背景隐藏起来了，如图4–30所示。取消【隐藏背景图形】复选项，背景图片就又会显示出来。

图 4–28

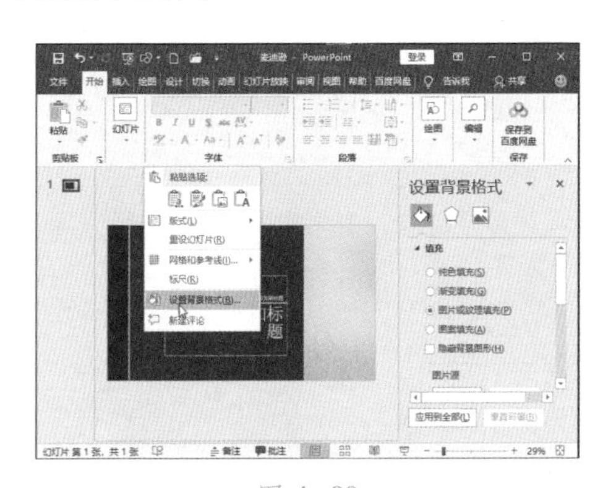


图 4–29

图 4–30

提示：上述操作只是隐藏了图片，图片格式不变。

### 4.2.11　给图片设置“透明色”

在网上搜索插入的图片经常都是带有底色的，在PPT中可以将其去掉。

操作方法：

（1）打开“离子风格.pptx”。

（2）执行【插入】|【图像】|【图片】|【联机图片】命令，插入如图4–31所示的美女跳舞的图片。

（3）选择【格式】菜单选项卡，单击【调整】段落的【颜色】按钮，在弹出的下拉窗口中单击选择【设置透明色】命令，如图4–32所示。

图 4–31

（4）将光标移动至图片上，其形状变为✎的样子后单击图片即可。在这里单击图片左上区域，图片的透明效果如图 4-33 所示。

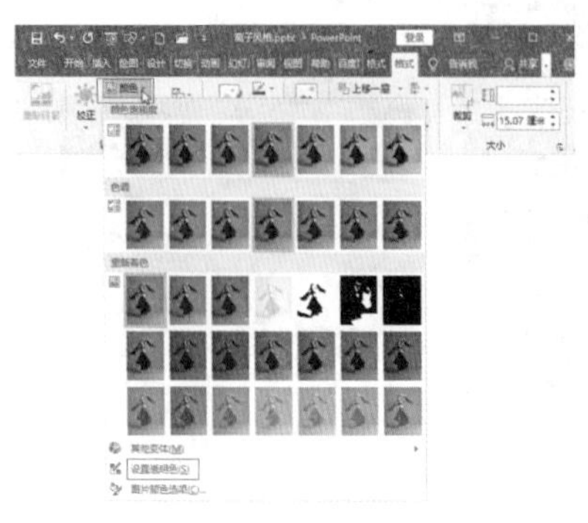

图 4-32

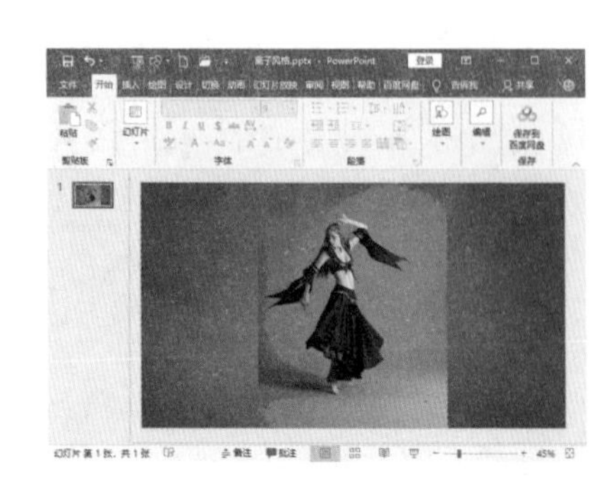

图 4-33

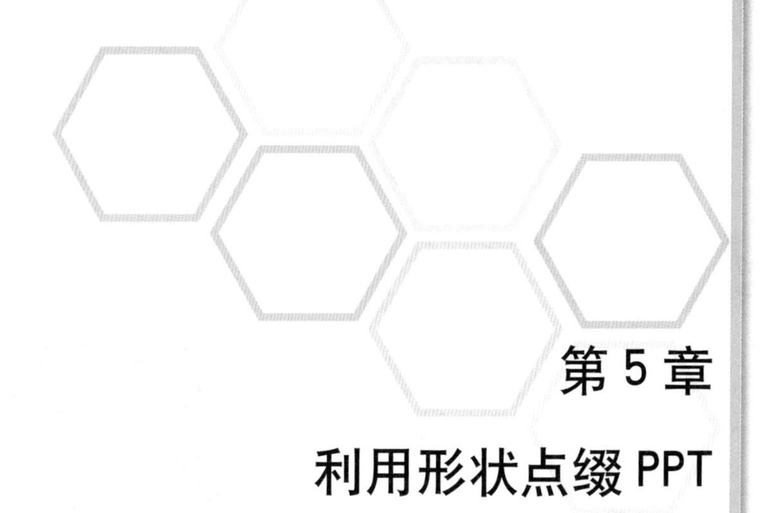

# 第 5 章 利用形状点缀 PPT

本章导读

# 5.1 不要忽视形状功能

在 PPT 中经常会谈论字体、图片、图标等的使用，对形状的关注非常少，其实形状的作用有很多，也比我们通常认为的更加重要。

为了方便理解，将形状的作用分成了 3 大类，如图 5-1 所示。

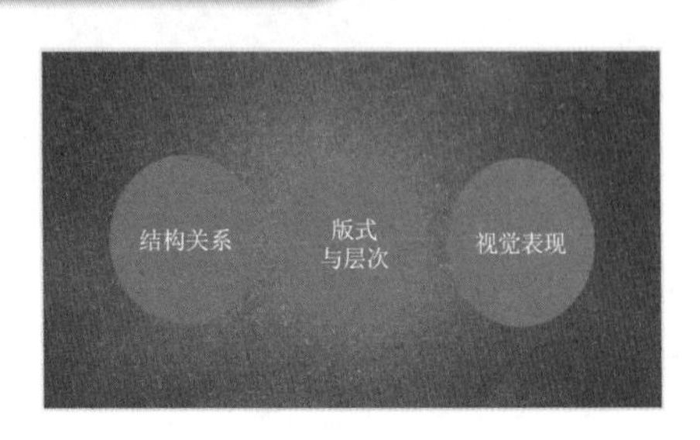


图 5-1

## 5.1.1 结构关系层面

### 1. 辅助信息的分组

为了描述得更明白一些，辅助信息的分组又可以继续拆分为如下两种表现形式。

（1）强化分离

如图 5-2 所示的页面，共有 3 点内容，不过区分不是非常明显。

如图 5-3 所示的页面，3 点内容分别置入 3 个形状内，分组的效果就一目了然了。

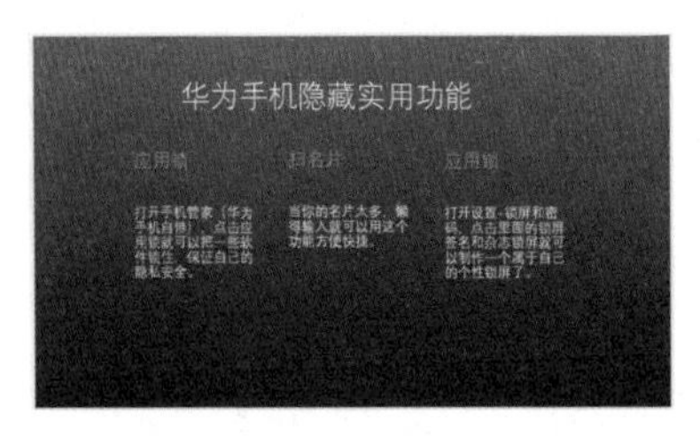


图 5-2

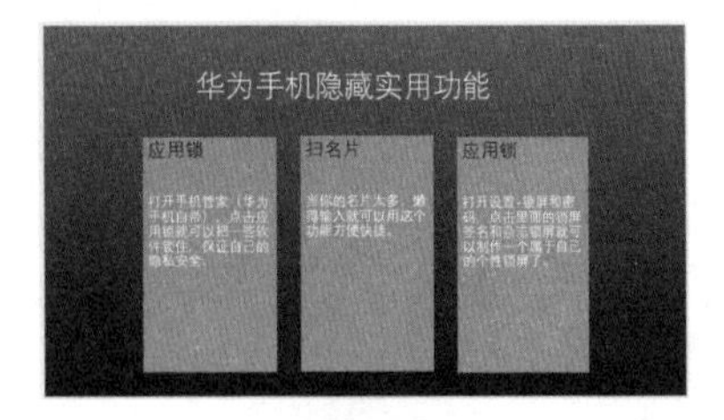


图 5-3

（2）强化组合

如果按照正常的顺序将文字等元素排版好，会发现内容比较散、不聚焦，如图 5-4 所示。

这个时候就可以尝试使用一下形状的组合功能来美化版面，如图 5-5 所示，通过形状的运用，使得页面中有一个清晰明确的焦点。

图 5-4

图 5-5

#### 2. 区域划分

这个功能和第一条功能有点类似，但思考方式不同。

前面的案例都是先有页面元素，然后使用形状调整。区域划分的思考方式是先将页面分割出不同的区域，然后再思考怎么放置内容。

比如要表示 3 个并列关系，可以先将页面划分为 3 块，把内容置入单独的区域里，如图 5–6 所示。

#### 3. 关系的表达

内容和内容之间不仅有简单的分组，还有复杂的关系，一般称为图示。这个比较好理解，如图 5–7 所示。

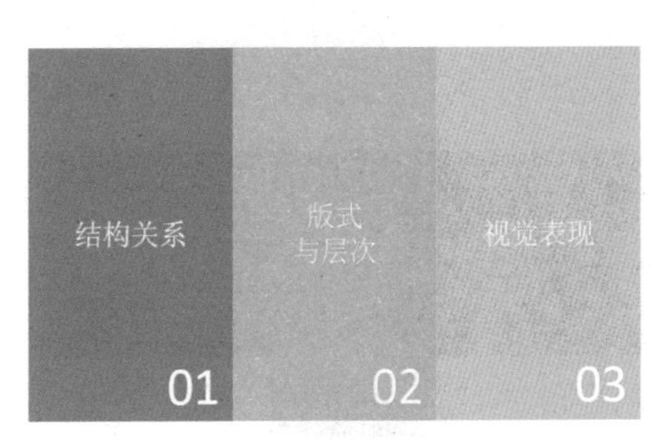


图 5–6

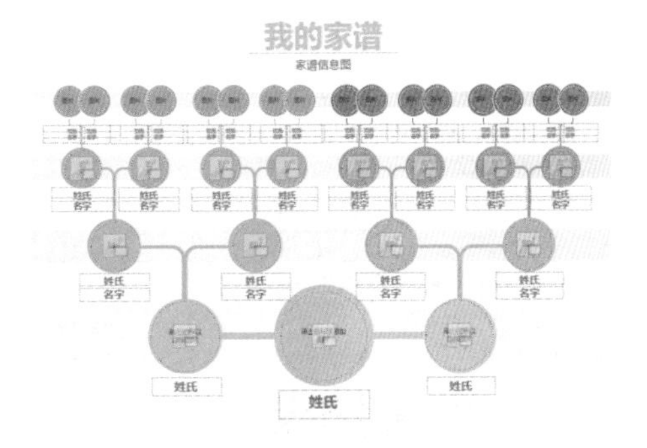


图 5–7

#### 4. 强化对比，加强识别与标注

在图 5–8 中，小标题不是特别明显，还需继续加强，可以使用一个形状突出一下标题元素，如图 5–9 所示。

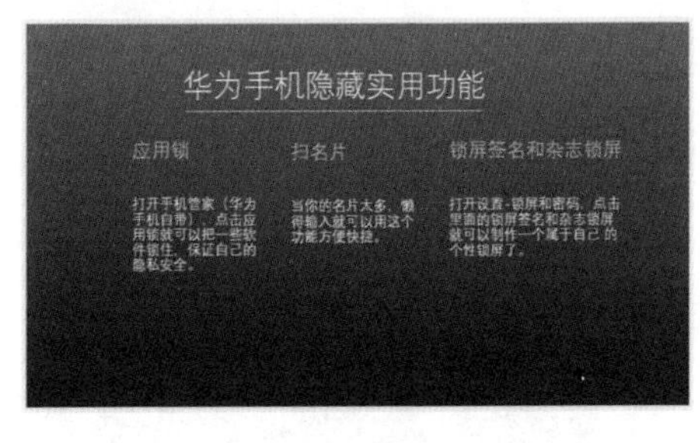


图 5–8

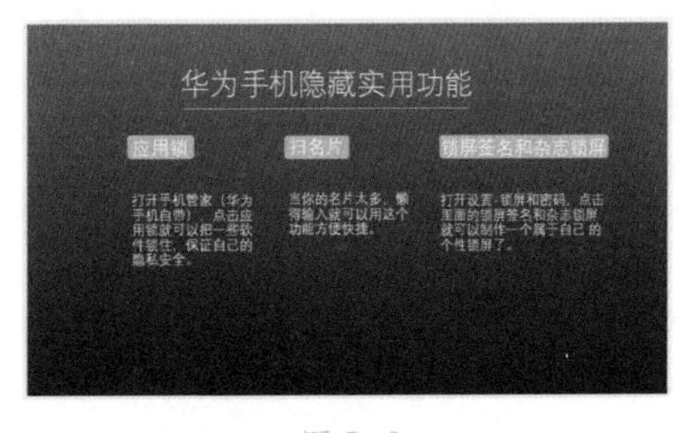


图 5–9

### 5.1.2　版式与层次层面

#### 1. 整理元素

PPT 页面中因为元素的大小和多少的不同，会导致页面不整齐。如图 5–10 所示，中间一段的内容比较少，所以整体看起来就不是特别统一。

使用形状逐个将元素放进来，将形状统一就可以了，如图 5–11 所示。

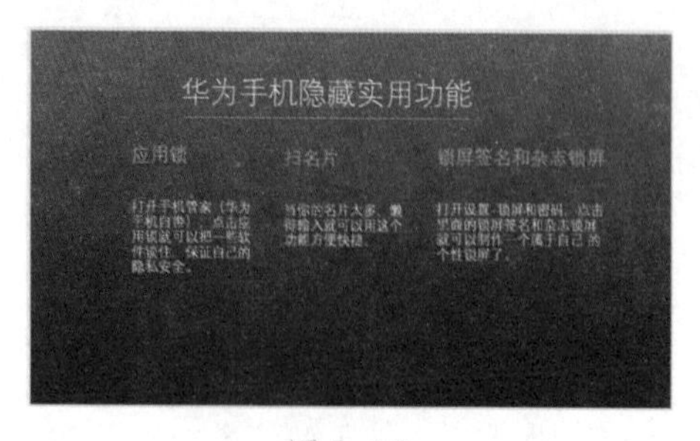


图 5-10

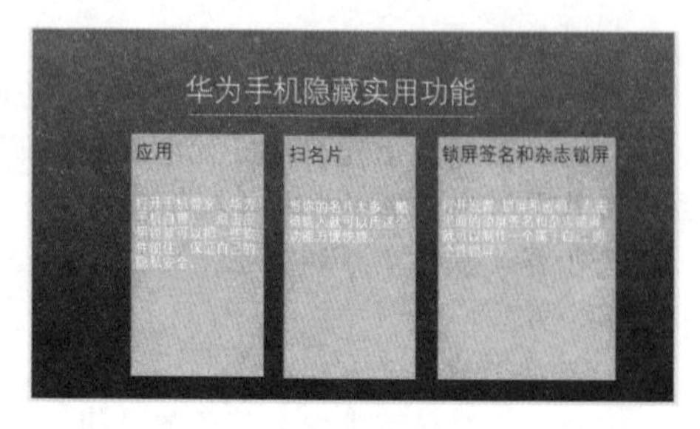


图 5-11

2. 丰富页面层次

图 5-12 所示页面，单从结构上、版式上都没有大的问题，但是页面缺少层次感。

只需要在文本元素的下方放一个色块，就可以使页面富有层次和变化，如图 5-13 所示。

图 5-12

图 5-13

## 5.1.3 视觉表现层面

1. 使用形状增加视觉感

形状都会填充颜色，而颜色的存在可以提升页面的视觉感受。图 5-14 所示页面，虽然使用了边框来分组和整理文本元素，但是换成图 5-15 所示的形状来分组和整理文本元素，视觉表现会继续得到提升。

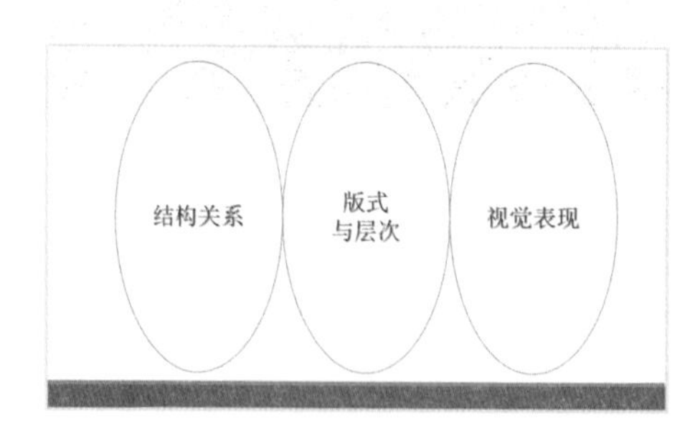


图 5-14

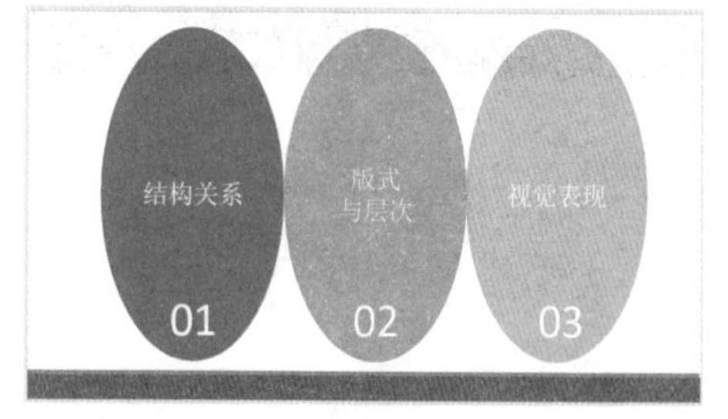


图 5-15

形状比边框多了颜色，颜色的运用可以让页面视觉更丰富。

2. 使用图片容器丰富页面

常见的图片都是矩形的，如果想让页面更有变化，表现更丰富，可以使用各式各样的形状作为图片容器的功能，这样图片就可以表现出各种形态了，如图 5–16 所示。具体的操作方法参见 4.3.5 节内容。

图 5–16

形状的作用非常多，而且具体作用往往是叠加出现的，真正掌握形状的作用需要不断地揣摩和练习。

## 5.2 插入及编辑形状

创建一个空白演示文稿，并将其中的两个占位符删除。

### 5.2.1 插入自选图形

操作方法：

（1）新建空白演示文稿，然后执行【开始】|【幻灯片】|【版式】命令，在弹出的【Office 主题】窗口中单击【空白】主题，将演示文稿设置为空白演示文稿。

（2）选择【插入】菜单选项，单击【插图】段落中的【形状】按钮，在弹出列表框中单击【基本形状】组中的【椭圆】图标○，如图 5–17 所示。

（3）在幻灯片编辑区拖动鼠标左键，绘制一个椭圆图形，如图 5–18 所示。

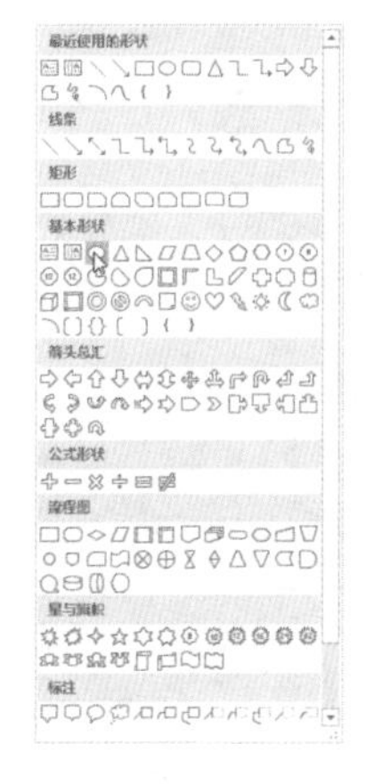

图 5–17

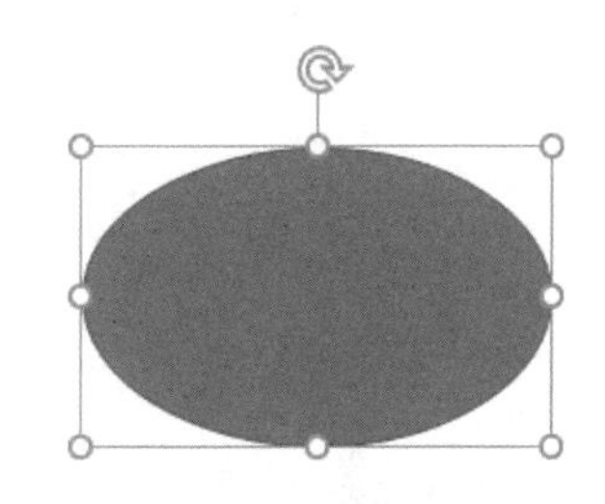

图 5–18

### 5.2.2 调整自选图形大小

方法 1：选中椭圆，当光标变为双向箭头形状时，使用鼠标左键拖动控制点即可粗略调整其大小，如图 5–19 所示。

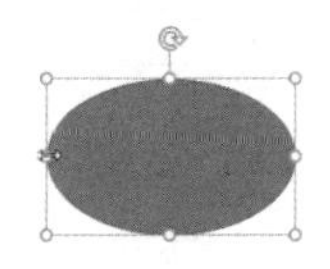
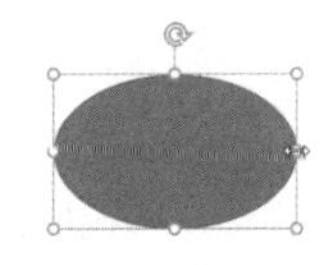
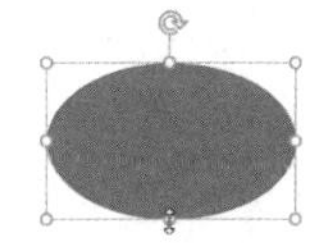

图 5–19

方法 2：选中椭圆，选择【格式】菜单选项，然后在【大小】段落中的【设置形状宽度】和【设置形状高度】输入框中输入相应的数值来精确设置椭圆的宽度和高度，如图 5–20 所示。

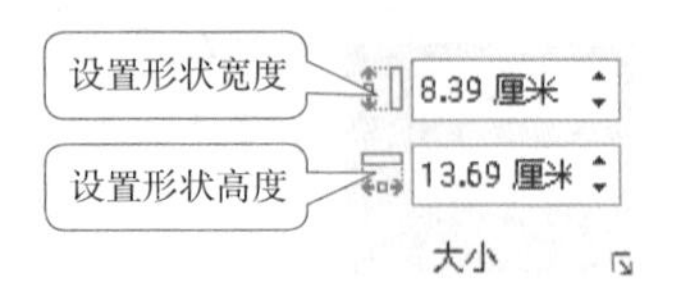


图 5–20

## 5.2.3 调整自选图形位置

选中自选图形，光标变为十字双向箭头时，如图 5–21 所示，按住鼠标左键直接拖动即可调整位置。

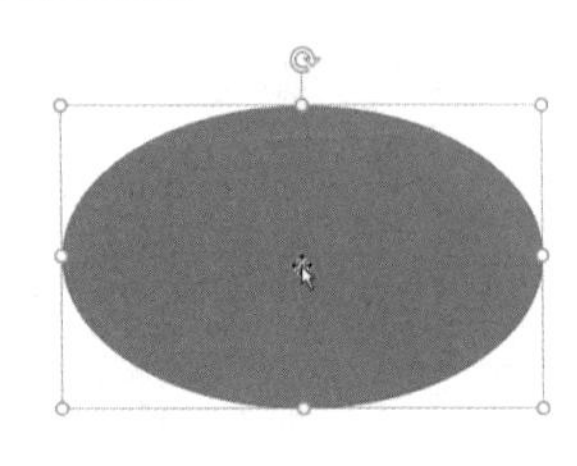

图 5–21

## 5.2.4 设置自选图形样式

选中椭圆。选择【格式】菜单选项，单击【形状样式】段落右下角的【功能扩展】按钮，打开【设置形状格式】任务窗格，如图 5–22 所示。

展开【填充】选项，选择【图案填充】，然后选择【图案】下的【大棋盘】，如图 5–23 所示。

展开【线条】选项，选择【实线】，设置【轮廓颜色】为【深红色】，如图 5–24 所示。

最后椭圆图形的效果如图 5–25 所示。

图 5–22

图 5–23

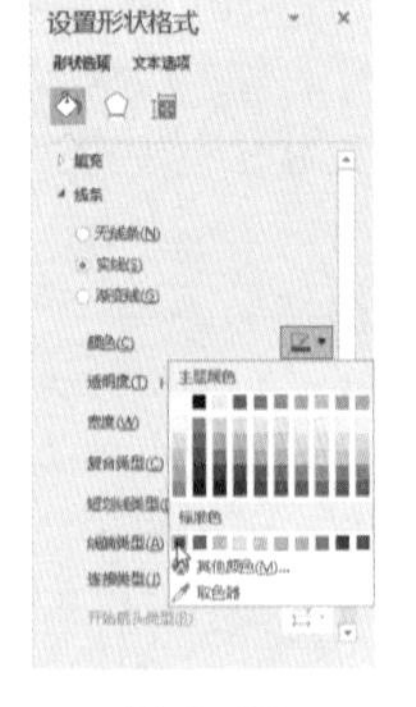


图 5–24

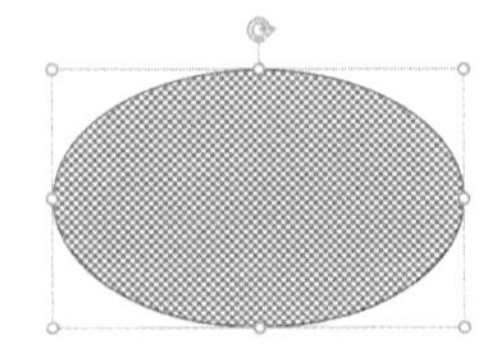

图 5–25

## 5.2.5 为自选图形添加文本

使用鼠标右键单击椭圆，在弹出菜单中选择【编辑文字】命令，如图 5–26 所示。

输入文字“跳动”，然后选中输入的文字，将字号设置为【96】，字体设置为【方正粗黑宋简体】，颜色设置为【紫色】，此时椭圆效果如图 5–27 所示。

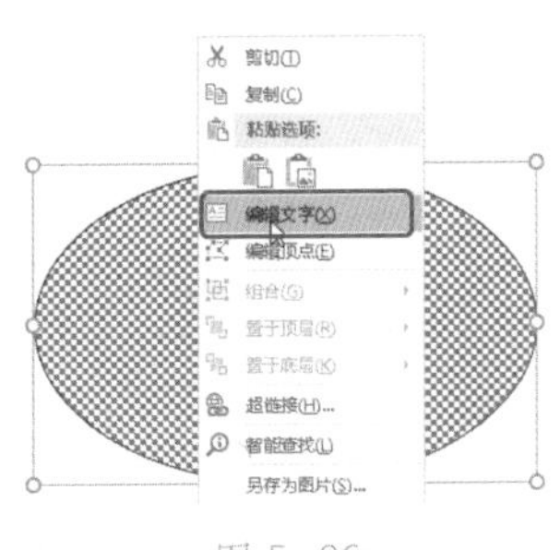

图 5-26

图 5-27

右击椭圆，在弹出菜单中选择【设置形状格式】命令，在打开的【设置形状格式】任务窗格中单击【形状选项】标签下的【效果】图标，在【三维格式】组中按照如图 5-28 所示设置。完成后的椭圆图形效果如图 5-29 所示。

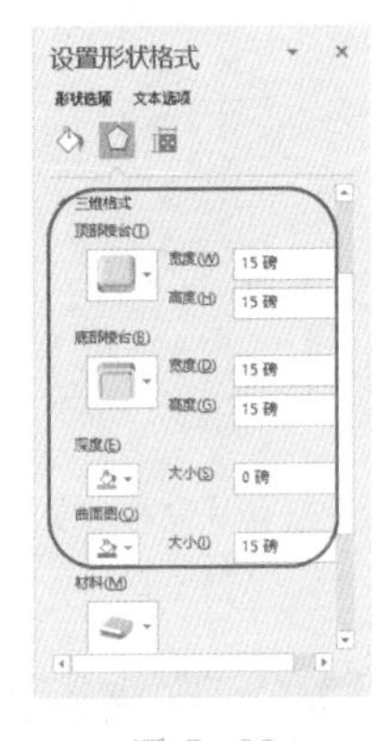

图 5-28

图 5-29

## 5.2.6　复制与粘贴自选图形

选中椭圆，使用 Ctrl+C 快捷键将其进行复制并粘贴两次，拖放成如图 5-30 所示效果。

## 5.2.7　调整自选图形叠放次序

选中最下面的椭圆，选择【格式】菜单选项。在【排列】段落中，单击【上移一层】或【置于顶层】或【下移一层】或【置于底层】，可将椭圆叠放成不同的效果。在这里选择最下面的圆形，然后单击【上移一层】，效果如图 5-31 所示。

将文档保存为“椭圆 .pptx”。

图 5-30

图 5-31

### 5.2.8 组合 / 取消组合

#### 1. 组合图形

**操作方法：**

按住 Shift 键，依次单击要组合的图形，然后右击选中图形的外框线，在弹出菜单中选择【组合】|【组合】命令，如图 5-32 所示。

选中图形就被组合在一起了，如图 5-33 所示。

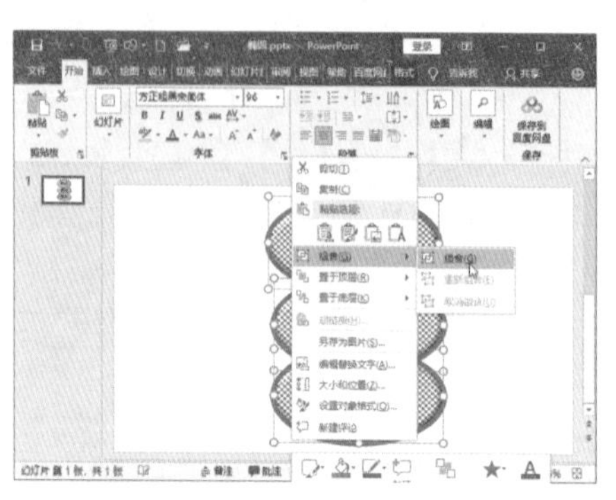

图 5-32

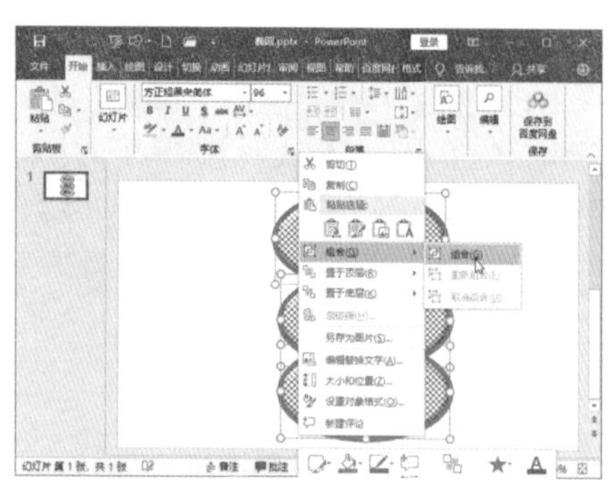

图 5-33

#### 2. 取消图形组合

右击已被组合的图形，在弹出菜单中选择【组合】|【取消组合】命令，如图 5-34 所示。

图形就被取消组合了，如图 5-35 所示。

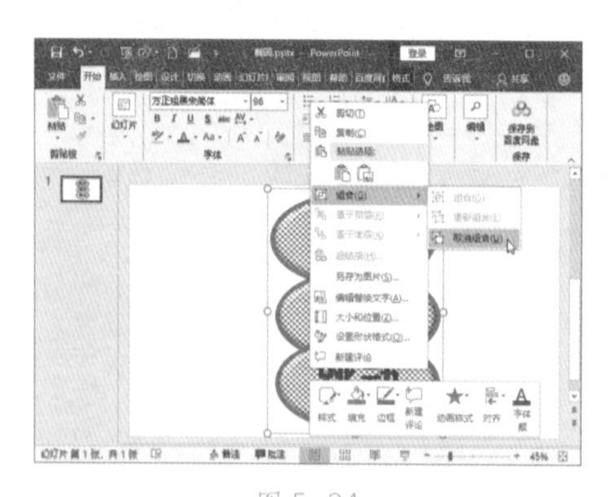

图 5-34

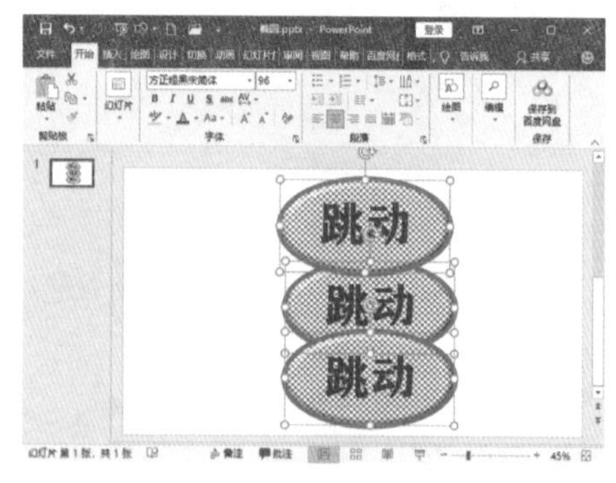


图 5-35

## 5.3 绘制多样的 SmartArt 图形

### 5.3.1 插入 SmartArt 图形

SmartArt 图形和形状图案差不多，只不过它是一种结构化的图案而已，因此插入工

作表的方法也十分类似。

操作方法：

（1）新建空白演示文稿，然后执行【开始】|【幻灯片】|【版式】命令，在弹出的【Office主题】窗口中单击【空白】主题，将演示文稿设置为空白演示文稿。

图 5-36

（2）单击【插入】|【插图】|【SmartArt】命令按钮，如图5-36所示。此时打开了如图5-37所示的【选择SmartArt图形】对话框。

（3）在对话框左侧列表中选择图形类型，例如选择【层次结构】分类中的【组织结构图】，如图5-38所示。

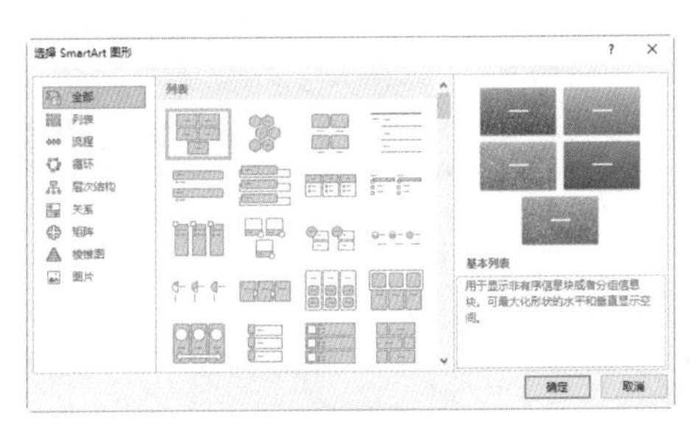

图 5-37

图 5-38

（4）选好图形类型后，单击【确定】按钮，幻灯片中就会产生一个缺省的SmartArt图形，如图5-39所示。

（5）将光标放置于SmartArt图形的边缘上，当光标变成✣形状时，再按住鼠标左键就可以拖动改变其位置，如图5-40所示。

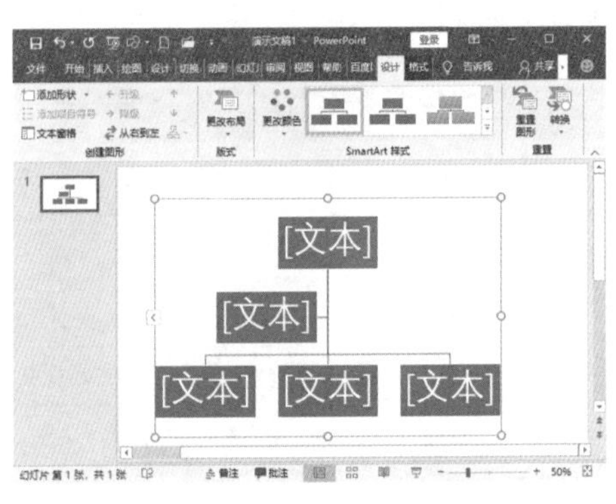


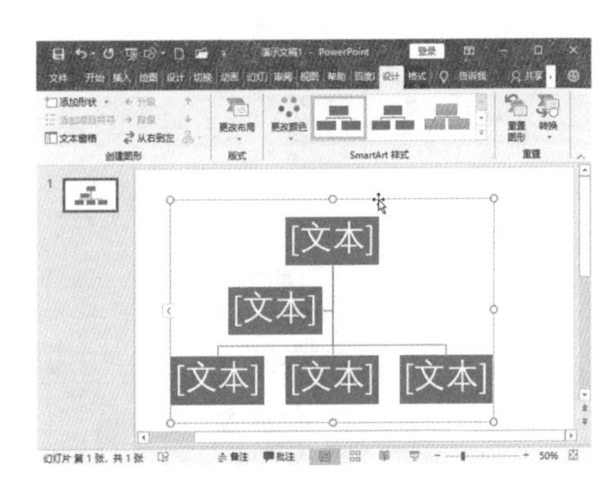


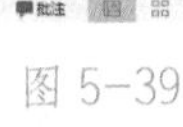

图 5-39

图 5-40

（6）将光标放置于SmartArt图形的任意一个角点上，当光标变为倾斜的双向箭头时，按住鼠标左键向内或向外拖动光标可以缩小或放大图表，如图5-41所示。

（7）插入SmartArt图形后，菜单栏自动出现第二个【设计】菜单选项卡并自动跳转到该选项卡下，如图5-42所示。

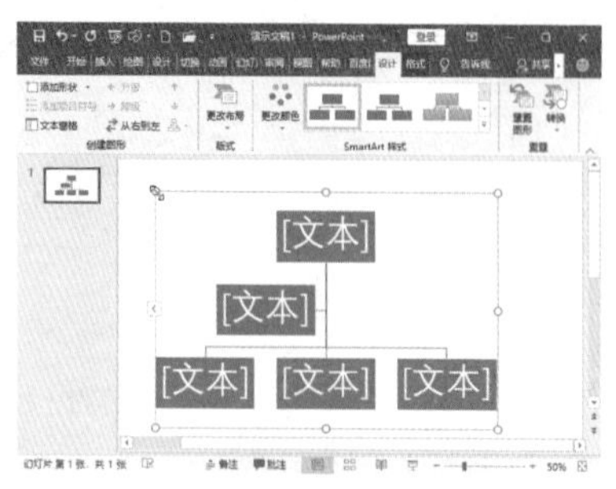


图 5-41

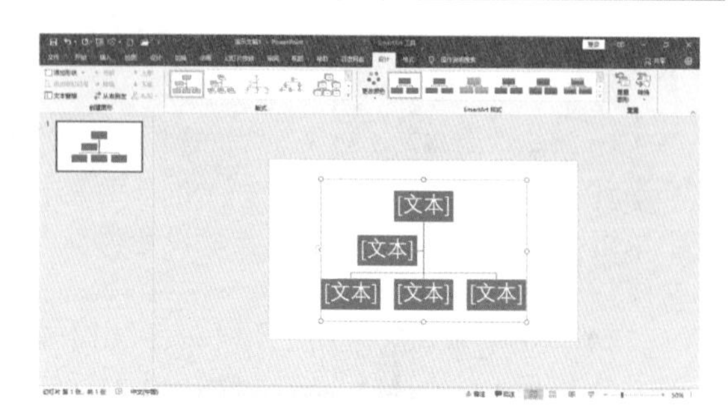


图 5-42

## 5.3.2 在图形中新增图案

插入组织结构图后，缺省只有 5 个图案方块，可以根据实际需要加入图案。

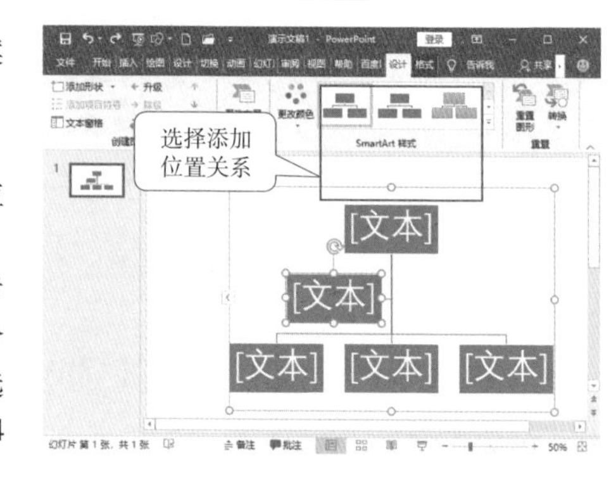


图 5-43

操作方法：

（1）移动鼠标选择要插入新图案的位置，如图 5-43 所示。

（2）单击第二个【设计】菜单选项卡的【创建图形】段落中的【添加形状】命令按钮右侧的向下箭头，在弹出菜单中选择新增图案与所选图案的位置关系，如图 5-44 所示。

（3）选择【在后面添加形状】命令。添加图案后，图表会自动重画，以安排新加入的图案，如图 5-45 所示。

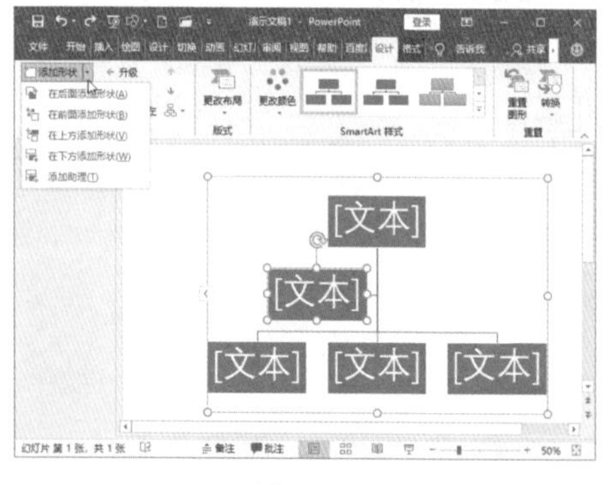


图 5-44

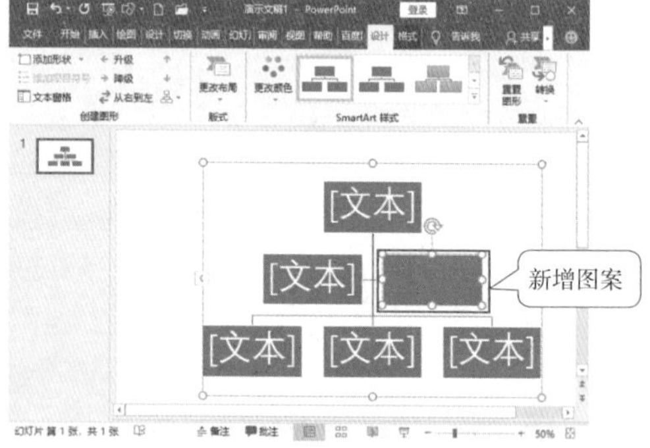


图 5-45

## 5.3.3 输入图案内的文字

SmartArt 图形中的每一个图案都应该有说明文字，这些要自行输入。

在图案内输入文字的操作方法有如下两种。

方法 1：

（1）单击想要输入文字的图案，输入文字内容，如图 5–46 所示。

（2）继续单击其他想要输入文字的图案，输入文字，直到完成全部图案的文字输入，结果如图 5–47 所示。

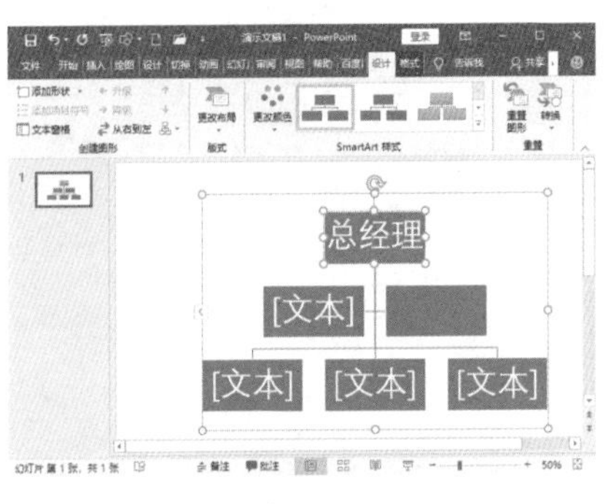


图 5–46

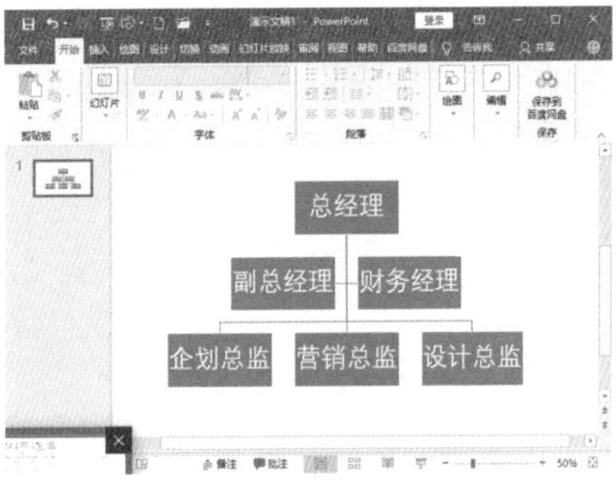

图 5–47

（3）完成文字的输入后，可以右击图案，在弹出中选择【设计形状格式】命令，在打开的【设置形状格式】任务窗格中设置形状的填充、线条以及文本填充、文本轮廓、颜色等格式。选中图案中的文字，可以像普通文本一样设置其字体。最后效果如图 5–48 所示。

（4）增大或缩小字号后，可以单击图案，将光标放置在图案的控制点上，拖动光标增大或缩小文本框以适应所对应的文字，如图 5–49 所示。最后将其保存为“组织结构图 .pptx”。

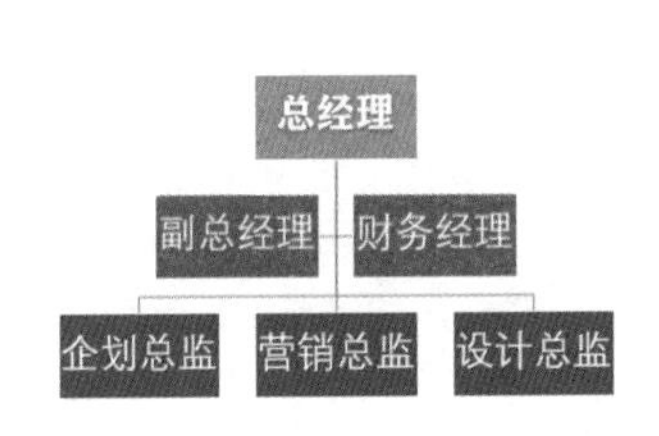


图 5–48

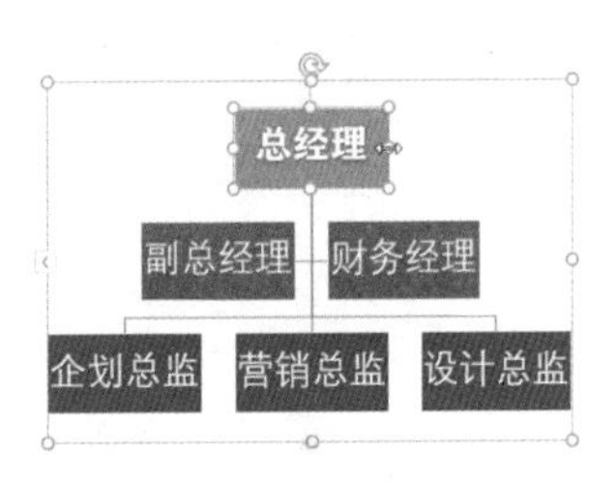


图 5–49

方法 2：

（1）单击 Smart 图形左侧的按钮 ‹，打开如图 5–50 所示【在此处键入文字】窗口。

（2）依次单击各个选项，输入文字即可，如图 5–51 所示。

（3）单击【在此处键入文字】窗口右上角的【关闭】按钮 ✖，关闭该窗口，结果如图 5–52 所示。

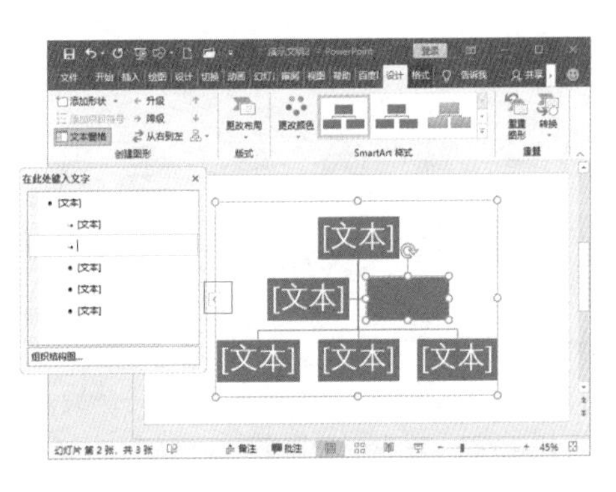


图 5–50

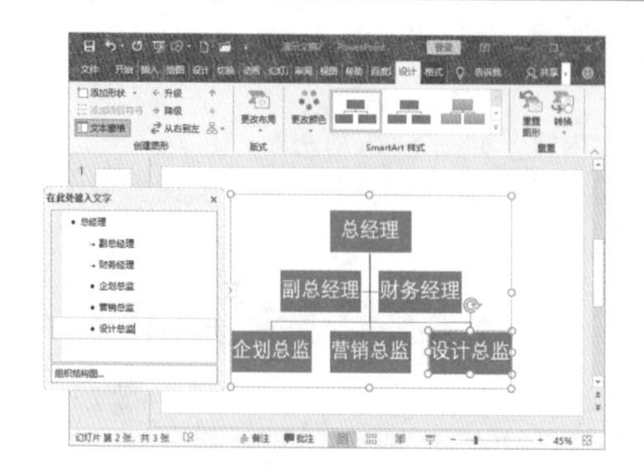


图 5-51

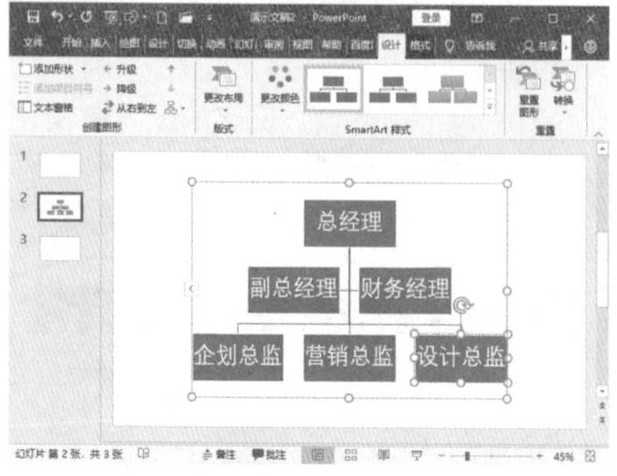


图 5-52

### 5.3.4 设定 SmartArt 图形样式

SmartArt 图形虽然只能画出固定图案，但是还可以设定它的显示样式，效果看起来很酷！

操作方法：

（1）单击组织结构图的空白处，然后切换到第二个【设计】菜单选项卡，单击【Smart 样式】段落【快速样式】右下侧的【其他样式】按钮，如图 5-53 所示。

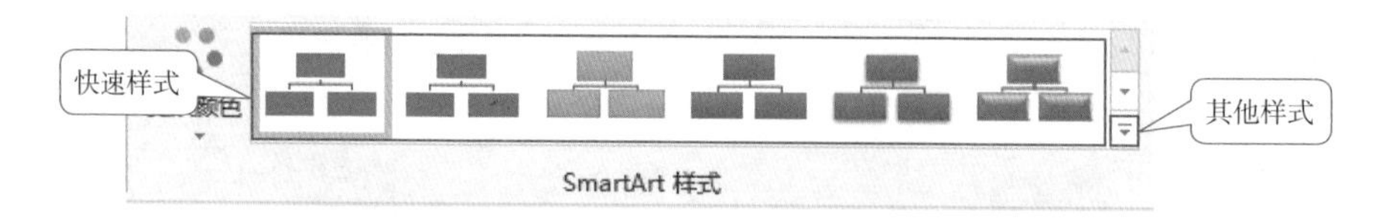


图 5-53

（2）打开【文档的最佳匹配对象】窗口，如图 5-54 所示。

（3）单击选择一种样式为组织架构图套用格式，比如【三维】列表框中的【砖块场景】样式，如图 5-55 所示。

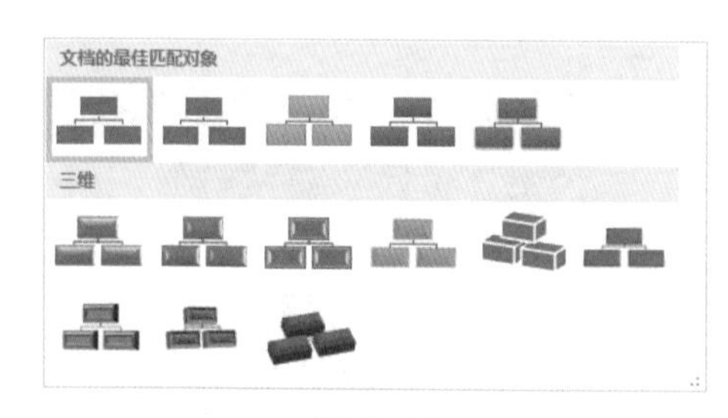


图 5-54

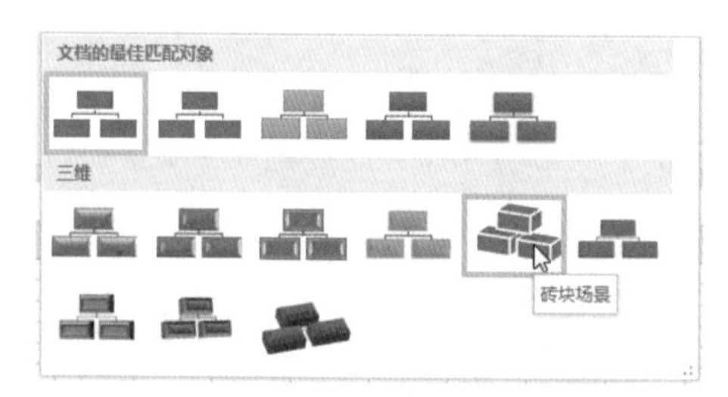


图 5-55

（4）组织结构图可选的样式是最多的，其他类型的图表由于受到表现方式的限制，可用的样式较少。更改样式后的组织结构图效果如图 5-56 所示。

如果对系统提供的样式都不满意，则可以右击组织结构图任意空白位置，在弹出菜单中选择【设置对象格式】命令，然后在右侧打开的【设置形状格式】任务窗格中，自行设定图案的样式，如图 5–57 所示。

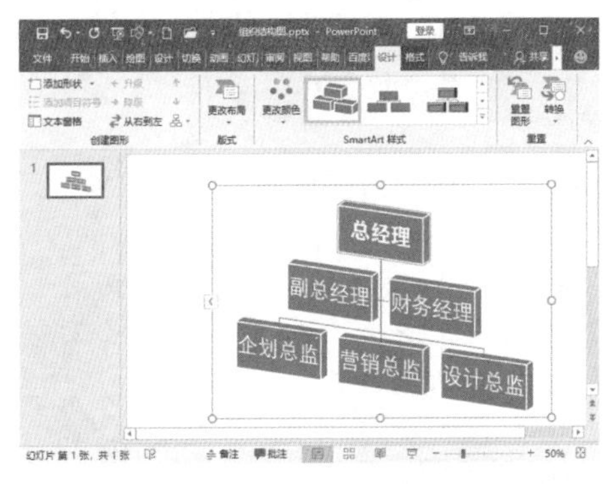


图 5–56

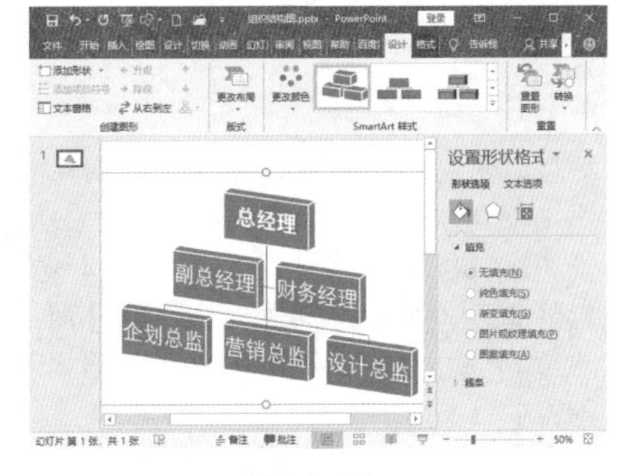


图 5–57

## 5.4 怎样更改任意多边形的形状

可以更改多边形图形的形状，以满足我们的要求。

（1）执行【插入】|【插图】|【形状】命令，在打开的窗口中单击选择【基本形状】下的【圆柱体】图标，然后在幻灯片编辑区中按住鼠标左键，拖出一个圆柱体。

（2）选取要更改的任意多边形或曲线对象，在这里选择刚绘制的圆柱体，然后执行【格式】|【插入形状】|【编辑形状】|【编辑定点】命令。

（3）如果要重调任意多边形的形状，则拖动组成该图形轮廓的一个顶点；如果要将顶点添加到任意多边形，则单击要添加顶点的位置，然后进行拖动；如果要删除顶点，则按住 Ctrl 键并单击要删除的顶点。

（4）为了更好地控制曲线的形状，在单击【编辑顶点】后，用鼠标右键单击一个顶点，在弹出菜单中可添加其他类型的顶点以精调曲线的形状，如图 5–58 所示。

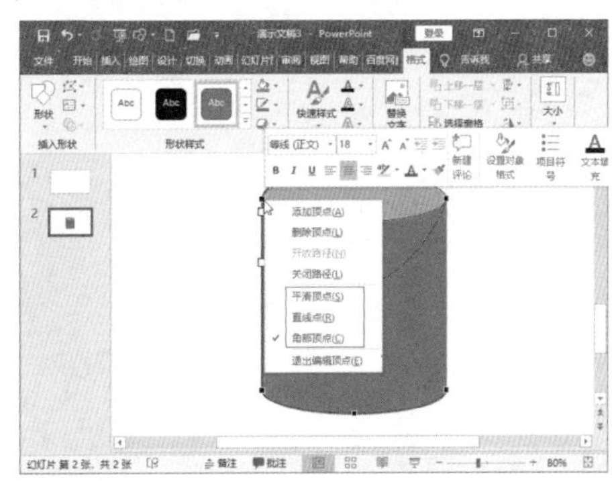

图 5–58

## 5.5 怎样更方便地绘制多边形

在绘制和编辑多边形时，往往因为移动的距离比较小而显得麻烦而不精确。可以通过下面的方法来更好地控制多边形。

（1）增加【显示比例】框中的放大程度。当显示为 200% 时绘制细节就会更加容易了。

（2）使用【任意多边形】工具进行绘制，不要使用【自由曲线】工具。

（3）在 Windows【控制面板】中将鼠标的跟踪速度设置为最慢，当以很慢的速度绘图时，可以更好地控制鼠标。

## 5.6 怎样创建图片的镜像

可以使用下面的方法去创建一个对象的镜像，来实现幻灯片中的一些特殊效果：

（1）单击选中要复制的对象，比如复制一个月牙形的图形。

（2）执行【开始】|【剪贴板】|【复制】命令，然后在指定位置单击菜单命令【剪贴板】|【粘贴】|【使用目标主题】命令。

（3）选中复制好的对象，执行【格式】|【排列】|【旋转】|【水平翻转】命令。

（4）用鼠标拖动并放置复制的对象，使它与原始对象呈镜像，效果如图 5-59 所示。

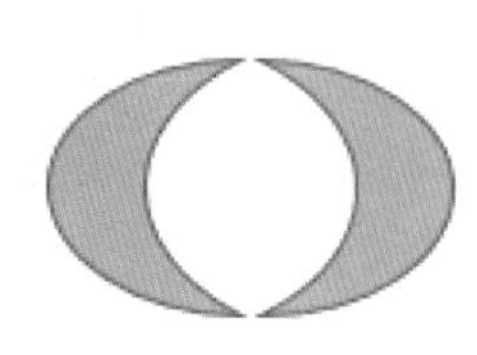

图 5-59

## 5.7 怎样用键盘辅助定位对象

按住 Shift 键的同时用鼠标水平或竖直移动对象，可以基本接近于直线平移。

在按住 Ctrl 键的同时用方向键来移动对象，可以精确到像素点的级别，非常准确。

# 第 6 章

# 表格与图表的魅力

**本章导读**

6.1　在 PPT 中插入表格
6.2　对表格进行编辑
6.3　了解图表的类型
6.4　创建与编辑图表
6.5　美化图表

## 6.1 在 PPT 中插入表格

打开“提案（修改）.pptx”文档，切换到第 24 张幻灯片中，如图 6–1 所示。可以看到，幻灯片里面有一张名为“人员工资成本”的表格。那么表格是如何绘制的呢？接下来就为读者讲解一下在演示文稿中插入与编辑表格的方法。

打开“简单演示文稿 .pptx”演示文稿，右击第二张幻灯片，在弹出菜单中选择【新建幻灯片】命令，新建第三张幻灯片，并将两个占位符删除掉。

### 6.1.1 自动插入表格

选择第三张空白幻灯片，首先在要插入表格的位置单击鼠标，然后在【插入】|【表格】段落中单击【表格】按钮，在打开的下拉列表中拖动鼠标选择表格行列数，到合适位置后单击鼠标即可插入表格，这里插入一个 8 × 7 的表格，如图 6–2 所示。

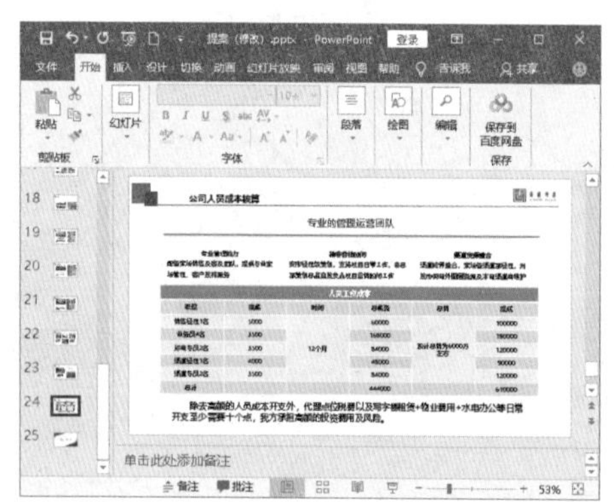

图 6–1

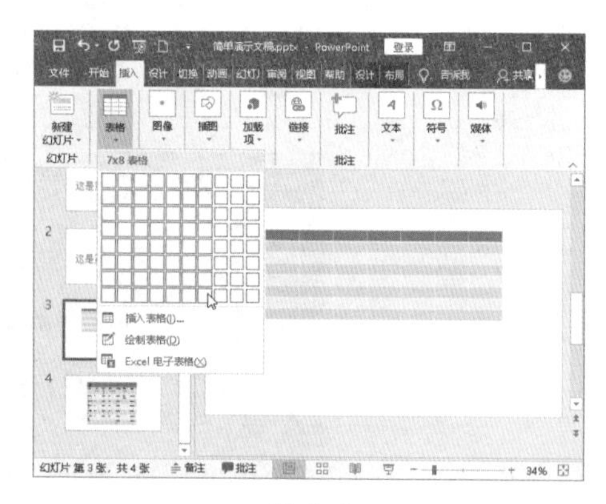

图 6–2

### 6.1.2 通过【插入表格】对话框插入

选择要插入表格的幻灯片，在【插入】|【表格】段落中单击【表格】按钮，在打开的下拉列表中选择【插入表格】选项，打开【插入表格】对话框，如图 6–3 所示，在其中输入表格所需的行数和列数，单击【确定】按钮完成插入。

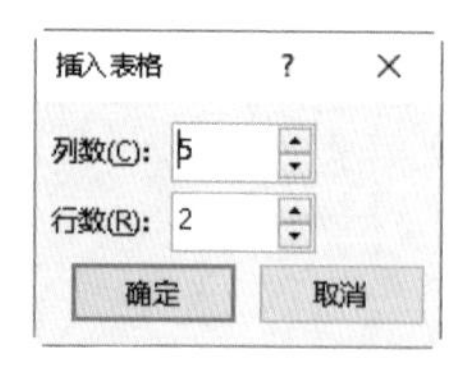


图 6–3

### 6.1.3 插入 Excel 电子表格

如果需要将 Excel 文档中的现有表格添加到 PowerPoint 演示文稿中，可以直接使用复制粘贴、插入对象的方法进行操作。

操作方法：

打开 Excel 文件将表格选中，选择【编辑】菜单中的【复制】，然后打开需要插入图表的幻灯片页面，单击【开始】菜单选项中的【剪贴板】段落中的【粘贴】命令，可以看到在【粘贴选项】中从左到右有五个选项图标，依次为使用目标样式、保留源格式、嵌入、图片和只保留文本，如图 6–4 所示。如果插入表格后要编辑其中的数据，那就单击选择其中的第二个【保留源格式】图标。

图 6–4

## 6.2 对表格进行编辑

### 6.2.1 调整表格位置

将光标定位在表格边框上，当光标变为十字双箭头形状时，如图 6–5 所示，即可移动表格到新的位置。

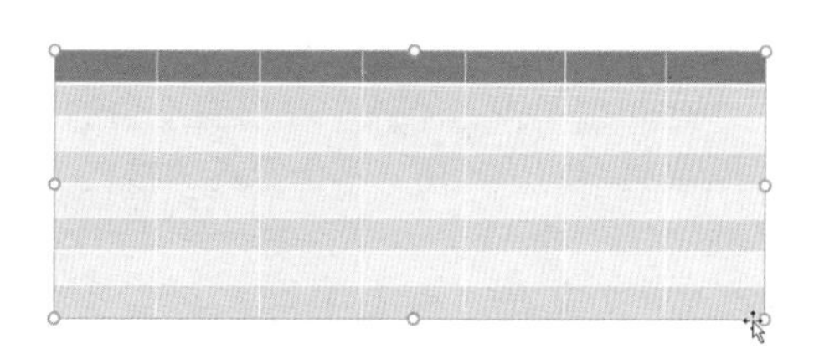

图 6–5

### 6.2.2 在单元格中输入文本

单击要输入文本的单元格，将光标定位在该单元格内，即可进行文本输入。在表格中输入如图 6–6 所示的内容。

| 人员工资成本 | | | | | | |
|---|---|---|---|---|---|---|
| 职位 | 人数（人） | 底薪（元/人） | 时间（个月） | 总薪资 | 总销（万） | 提成 |
| 销售经理 | 1 | 5000 | 12 | 60000 | 预计6000 | 100000 |
| 业务员 | 4 | 3500 | 12 | 168000 | | 180000 |
| 招商专员 | 2 | 3500 | 12 | 84000 | | 120000 |
| 渠道经理 | 1 | 4000 | 12 | 48000 | | 90000 |
| 渠道专员 | 2 | 3500 | 12 | 84000 | | 120000 |
| 总计 | | | | 440000 | | 610000 |

图 6–6

### 6.2.3 设置行高和列宽

方法 1：鼠标放在行或列的分割线上，当光标变为双向箭头（⟺或⇕）时即可粗略地调整行高或列宽。拖动表格的控制点可以向左、向右、向上或向下缩放列宽或行高。

方法 2：选中行或列，选择【布局】菜单选项卡，在【单元格大小】段落中的【高度】和【宽度】输入数值可精确设置行的高度和宽度，如图 6–7 所示。

将表格调整为如图 6-8 所示的样子。

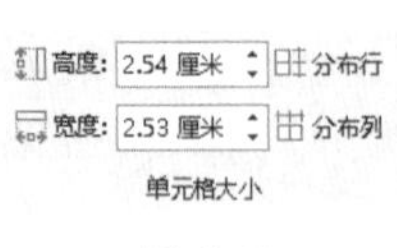


图 6-7

| 人员工资成本 | | | | | | |
|---|---|---|---|---|---|---|
| 职位 | 人数（人） | 底薪（元/人） | 时间（个月） | 总薪资 | 总销（万） | 提成 |
| 销售经理 | 1 | 5000 | 12 | 60000 | 预计6000 | 100000 |
| 业务员 | 4 | 3500 | 12 | 168000 | | 180000 |
| 招商专员 | 2 | 3500 | 12 | 84000 | | 120000 |
| 渠道经理 | 1 | 4000 | 12 | 48000 | | 90000 |
| 渠道专员 | 2 | 3500 | 12 | 84000 | | 120000 |
| 总计 | | | | 440000 | | 610000 |

图 6-8

## 6.2.4 设置表格内字体的格式

选中表格内要设置新字体的单元格（如果要选中整个表格，就将光标定位在表格边框上，当光标变为十字双箭头形状时单击边框即可选中整个表格），然后选择【开始】菜单选项卡，在【字体】段落中，可以为所选单元格内的文本应用包括字号、字体、颜色、加粗、倾斜等格式，如图 6-9 所示。

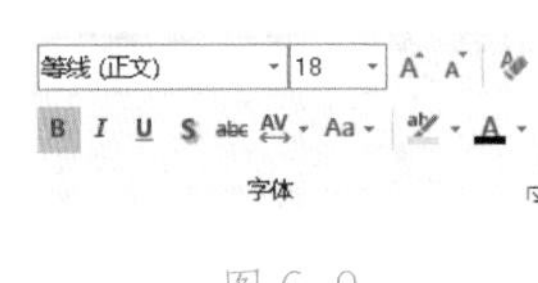


图 6-9

也可以单击【字体】段落右下角的【功能扩展】按钮，在打开的【字体】对话框中为表格内的单元格文本指定新的格式。

## 6.2.5 设置表格内文字对齐方式

首先选中表格内的文本，然后选择【布局】菜单选项卡，在【对齐方式】选项中可以为所选单元格内的文本应用新的对齐方式，如图 6-10 所示。

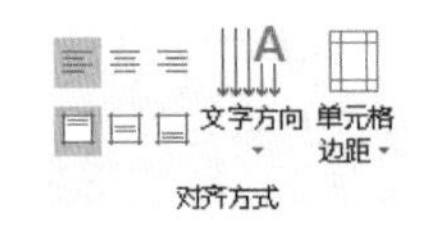


图 6-10

为图 6-10 中的表格设置如下格式：为首行文本设置字体为【方正粗黑宋简体】、字号为【16】；为其他文本设置字体为【宋体】、字号为【14】。【对齐方式】全部设置为【居中】和【垂直居中】。

## 6.2.6 设置表格内文字方向

首先选中表格内的文本，然后选择【布局】菜单选项卡，在【对齐方式】段落中单击【文字方向】按钮，在打开的下拉菜单中就可以为文本选择应用方向属性，如图 6-11 所示。

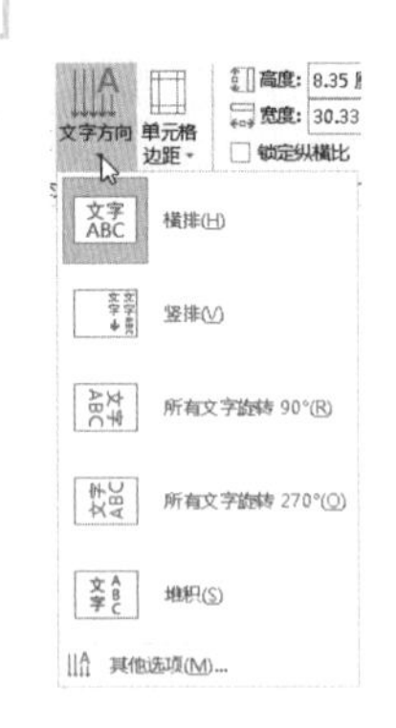


图 6-11

### 6.2.7　应用表格样式

将光标定位在表格内，然后选择第二个【设计】菜单选项卡，单击【表格样式】段落中的【其他】，在打开的面板中就可以为表格指定新的样式，如图 6–12 所示。

在这里为表格应用【文档的最佳匹配对象】组中的【主题样式 2– 强调 2】表格样式，效果如图 6–13 所示。

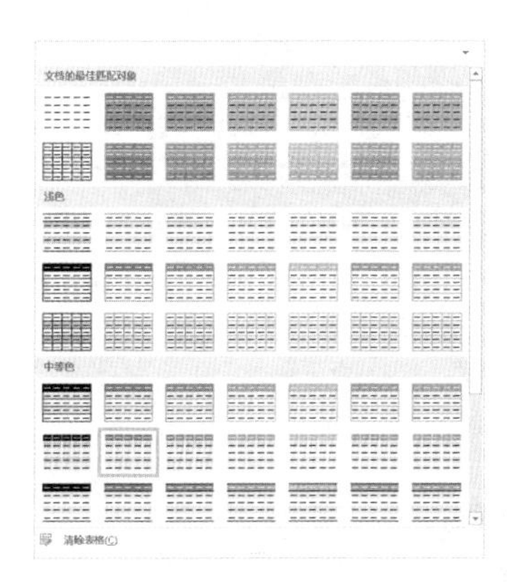


图 6–12

人员工资成本

| 职位 | 人数（人） | 底薪（元/人） | 时间（个月） | 总薪资 | 总销（万） | 提成 |
|---|---|---|---|---|---|---|
| 销售经理 | 1 | 5000 | 12 | 60000 | 预计6000 | 100000 |
| 业务员 | 4 | 3500 | 12 | 168000 | | 180000 |
| 招商专员 | 2 | 3500 | 12 | 84000 | | 120000 |
| 渠道经理 | 1 | 4000 | 12 | 48000 | | 90000 |
| 渠道专员 | 2 | 3500 | 12 | 84000 | | 120000 |
| 总计 | | | | 440000 | | 610000 |

图 6–13

### 6.2.8　插入行 / 列

1. 插入行

将光标定位到相应单元格，选择【布局】菜单选项卡，然后单击【行和列】段落中的【在上方插入】按钮或【在下方插入】按钮，插入一行。

2. 插入列

将光标定位到相应单元格，选择【布局】菜单选项卡，然后单击【行和列】段落中的【在左侧插入】按钮或【在右侧插入】按钮，插入一列。

如图 6–14 所示。

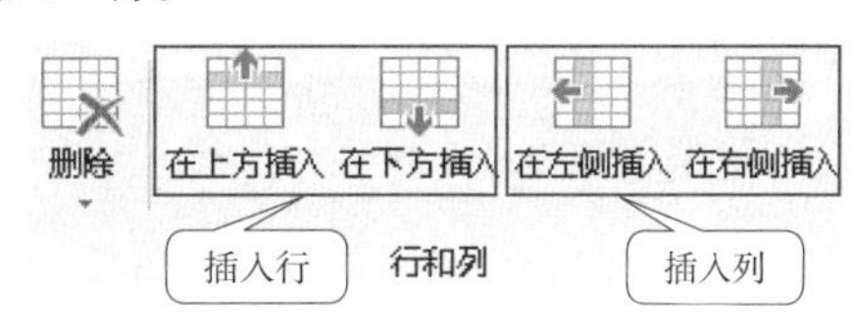


图 6–14

### 6.2.9　删除行 / 列

将光标定位到相应单元格，选择【布局】菜单选项卡，然后单击【行和列】段落中的【删除】按钮，在下拉菜单中选择【删除列】或【删除行】命令即可删除光标所在行或列，如图 6–15 所示。

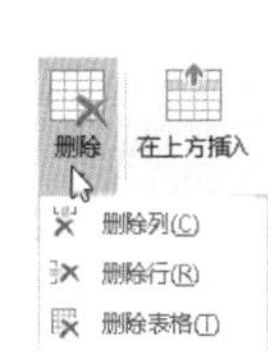


图 6–15

### 6.2.10 合并单元格

选中整个首行，选择【布局】菜单选项卡，单击【合并】段落中的【合并单元格】按钮，表格效果如图 6–16 所示。

| 人员工资成本 | | | | | | |
|---|---|---|---|---|---|---|
| 职位 | 人数（人） | 底薪（元/人） | 时间（个月） | 总薪资 | 总销（万） | 提成 |
| 销售经理 | 1 | 5000 | 12 | 60000 | 预计6000 | 100000 |
| 业务员 | 4 | 3500 | 12 | 168000 | | 180000 |
| 招商专员 | 2 | 3500 | 12 | 84000 | | 120000 |
| 渠道经理 | 1 | 4000 | 12 | 48000 | | 90000 |
| 渠道专员 | 2 | 3500 | 12 | 84000 | | 120000 |
| 总计 | | | | 440000 | | 610000 |

图 6–16

选中第 3 列中的 3 至 7 行中的单元格，单击【合并】段落中的【合并单元格】按钮，然后将合并后的单元格内只保留一个数字【12】，表格效果如图 6–17 所示。

| 人员工资成本 | | | | | | |
|---|---|---|---|---|---|---|
| 职位 | 人数（人） | 底薪（元/人） | 时间（个月） | 总薪资 | 总销（万） | 提成 |
| 销售经理 | 1 | 5000 | 12 | 60000 | 预计6000 | 100000 |
| 业务员 | 4 | 3500 | | 168000 | | 180000 |
| 招商专员 | 2 | 3500 | | 84000 | | 120000 |
| 渠道经理 | 1 | 4000 | | 48000 | | 90000 |
| 渠道专员 | 2 | 3500 | | 84000 | | 120000 |
| 总计 | | | | 440000 | | 610000 |

图 6–17

至此，“人员工资成本”表格就完成了。保存并关闭“简单演示文稿 .pptx”演示文稿。

## 6.3 了解图表的类型

创建图表前，首先认识一下图表的分类。

· PPT 中的图表按照插入的位置分类，可以分为内嵌图表和工作表图表。内嵌图表一般与其数据源在一起，而工作表图表就是与数据源分离，占据整个工作表的图表。

· 按照表示数据的图形来区分，图表分为柱形图、饼图、曲线图等多种类型，同一数据源可以使用不同图表类型创建的图表，它们的数据是相同的，只是形式不同而已。

· 三维立体图表与其他图表都使用相同的数据源，只在选择图表类型时不一样。

### 6.3.1 柱形图

排列在工作表的列或行中的数据可以绘制到柱形图中。柱形图用于显示一段时间内的数据变化或显示各项之间的比较情况，是最常见的图表之一。

在柱形图中，通常沿横坐标轴组织类别，沿纵坐标轴组织值。

柱形图包括如下子图表类型。

1. 簇状柱形图（图 6-18）和三维簇状柱形图（图 6-19）

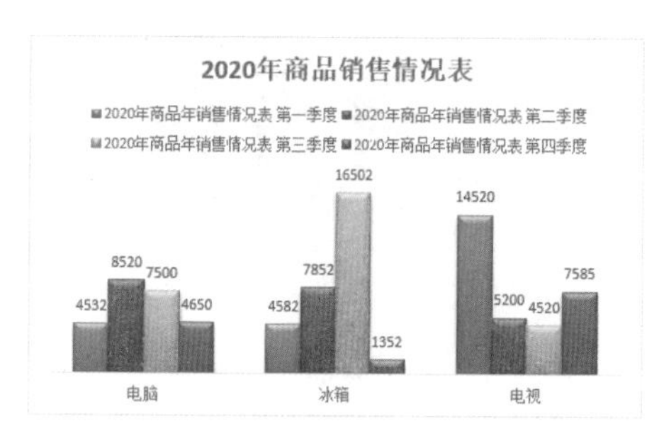


图 6-18

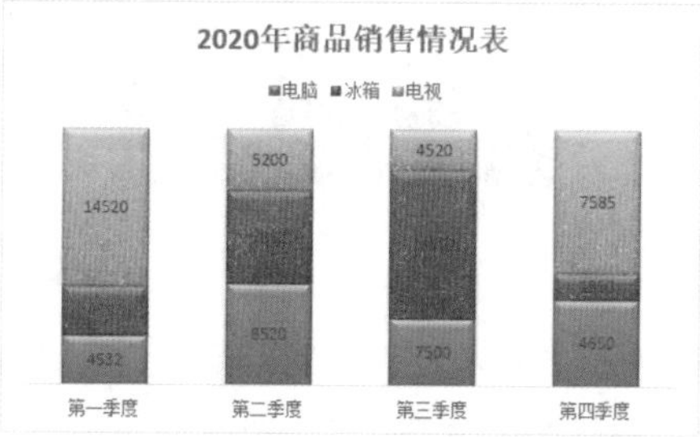

图 6-19

簇状柱形图可比较多个类别的值，它使用二维垂直矩形显示值。三维图表形式的簇状柱形图仅使用三维透视效果显示数据，不会使用第三条数值轴（竖坐标轴）。

当有代表下列内容的类别时，可以使用簇状柱形图类型：

· 数值范围（例如项目计数）。

· 特定范围安排（例如，包含“完全同意”“同意”“中立”“不同意”“完全不同意”等条目的量表范围）。

· 不采用任何特定顺序的名称（例如项目名称、地理名称或人名）。

提示： 要使用三维格式显示数据，并且希望能够修改三个坐标轴（横坐标轴、纵坐标轴和竖坐标轴），则改用三维簇状柱形图类型。

2. 堆积柱形图（图 6-20）和三维堆积柱形图（图 6-21）

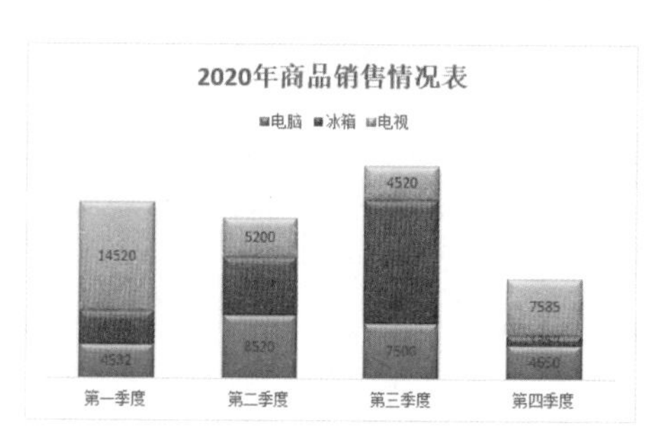


图 6-20

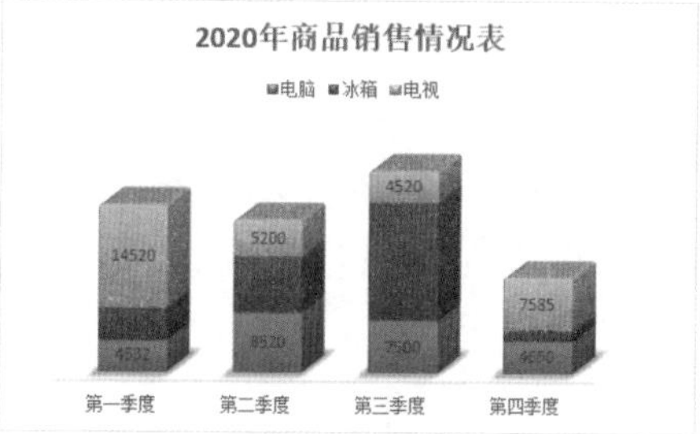

图 6-21

堆积柱形图显示单个项目与总体的关系，并跨类别比较每个值占总体的百分比。堆积柱形图使用二维垂直堆积矩形显示值。三维堆积柱形图仅使用三维透视效果显示值，不会使用第三条数值轴（竖坐标轴）。

当有多个数据系列并且希望强调总数值时，可以使用堆积柱形图。

3. 百分比堆积柱形图（图 6-22）和三维百分比堆积柱形图（图 6-23）

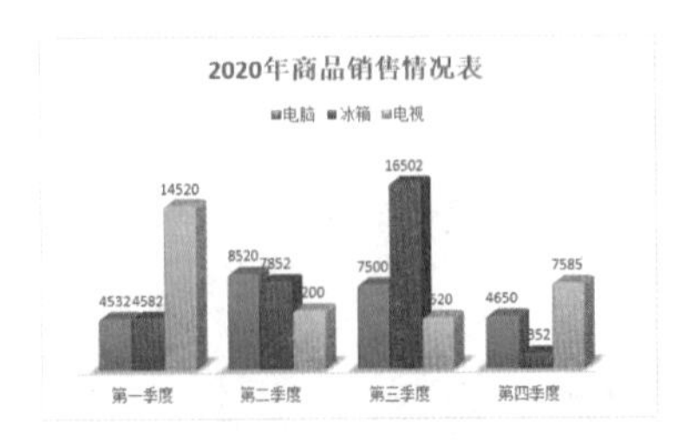


图 6-22

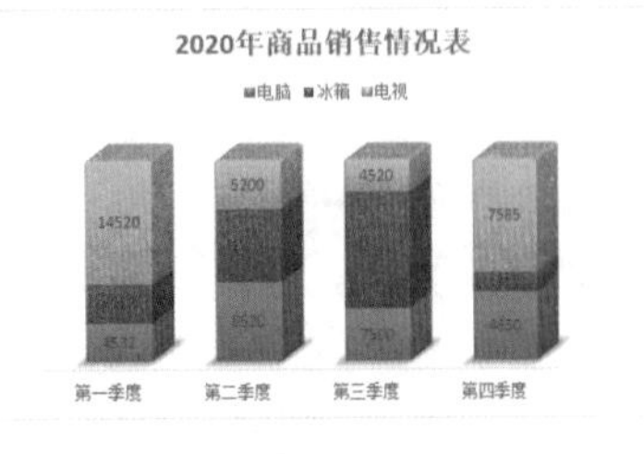


图 6-23

百分比堆积柱形图和三维百分比堆积柱形图用于跨类别比较每个值占总体的百分比。百分比堆积柱形图使用二维垂直百分比堆积矩形显示值。三维百分比堆积柱形图仅使用三维透视效果显示值，不会使用第三条数值轴（竖坐标轴）。

· 三维柱形图（图 6-24）

三维柱形图使用三个可以修改的坐标轴（横坐标轴、纵坐标轴和竖坐标轴），并沿横坐标轴和竖坐标轴比较数据点。

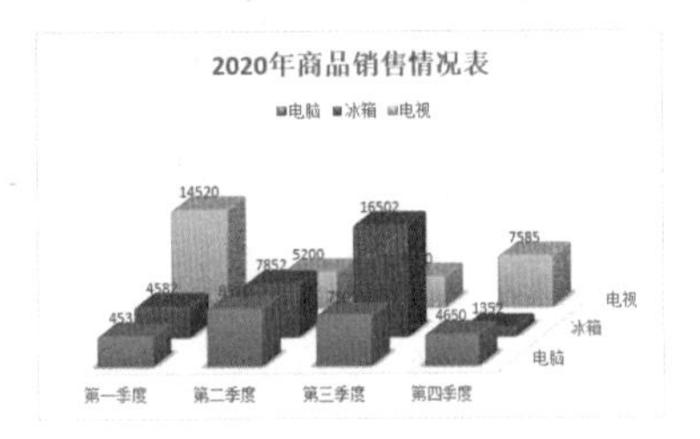


图 6-24

提示：所谓数据点，就是在图表中绘制的单个值，这些值由条形、柱形、折线、饼图的扇面、圆点和其他称为数据标记的图形表示。相同颜色的数据标记组成一个数据系列。

如果要同时跨类别和系列比较数据，则可使用三维柱形图，因为这种图表类型沿横坐标轴和竖坐标轴显示类别，而沿纵坐标轴显示数值。

## 6.3.2 条形图

条形图也是显示各个项目之间的对比，与柱形图不同的是其分类轴设置在纵轴上，而柱形图则设置在横轴上。

条形图包括如下子图表类型。

1. 簇状条形图（图 6-25）和堆积条形图（图 6-26）

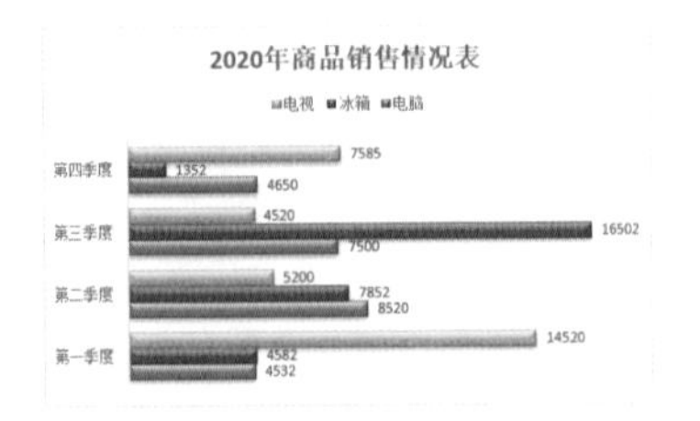


图 6-25

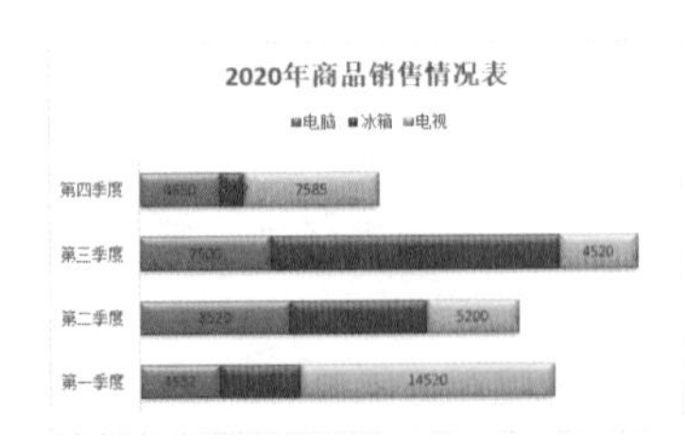


图 6-26

2. 百分比堆积条形图（图 6-27）和三维簇状条形图（图 6-28）

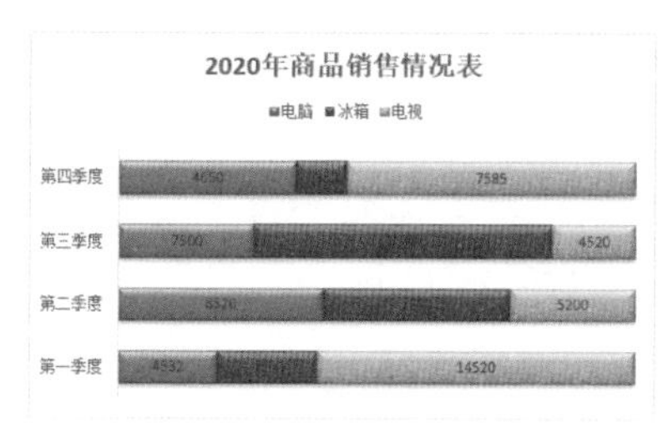


图 6-27

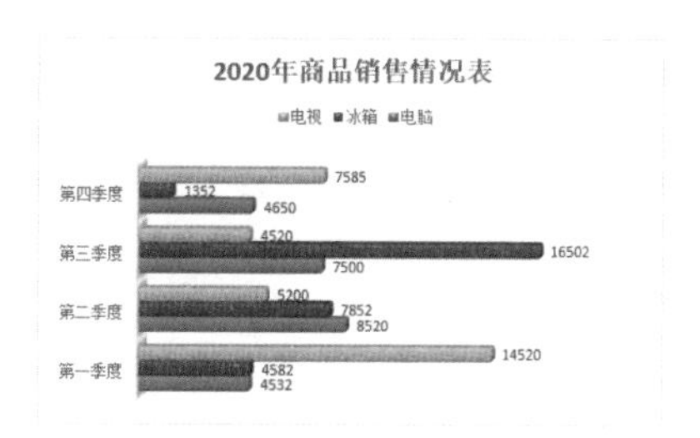


图 6-28

3. 三维堆积条形图（图 6-29）和三维百分比堆积条形图（图 6-30）

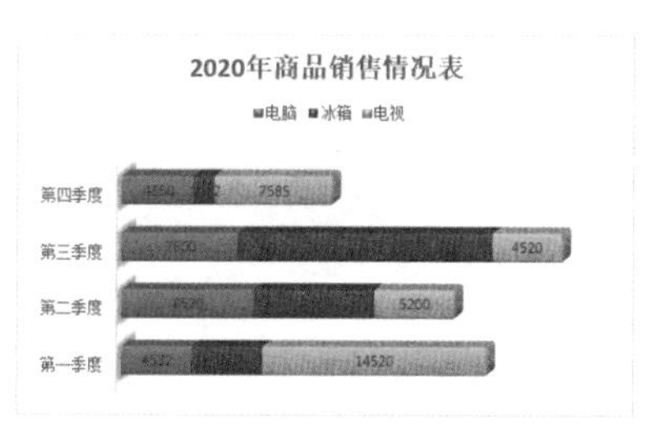


图 6-29

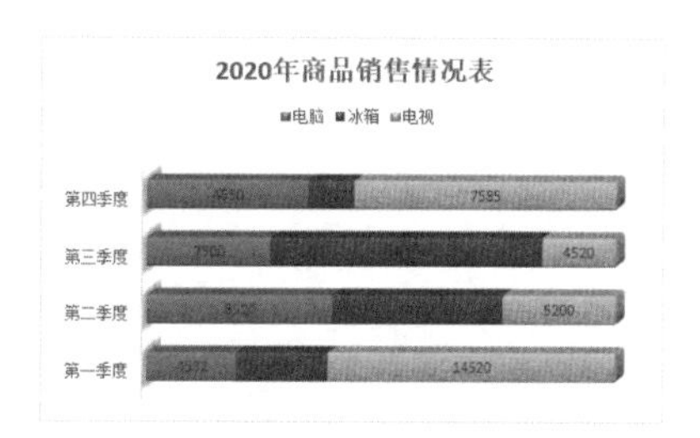


图 6-30

### 6.3.3 折线图

排列在工作表的列或行中的数据可以绘制到折线图中。折线图可以显示随时间（根据常用比例设置）而变化的连续数据，因此非常适用于显示在相等时间间隔下数据的趋势。在折线图中，类别数据沿水平轴均匀分布，所有值数据沿垂直轴均匀分布。

如果分类标签是文本并且表示均匀分布的数值（例如月份、季度或财政年度），则应使用折线图。当有多个系列时，尤其适合使用折线图；对于一个系列，应该考虑使用类别图。如果有几个均匀分布的数值标签（尤其是年份），也应该使用折线图。如果拥有的数值标签多于 10 个，则改用散点图。

折线图包括如下子图表类型。

1. 折线图（图 6-31）和带数据标记的折线图（图 6-32）

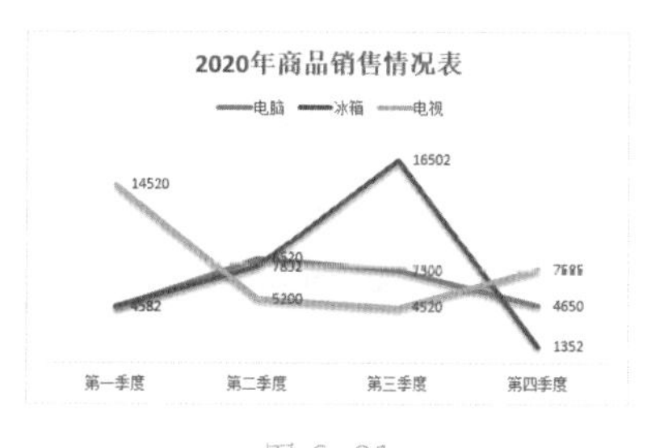


图 6-31

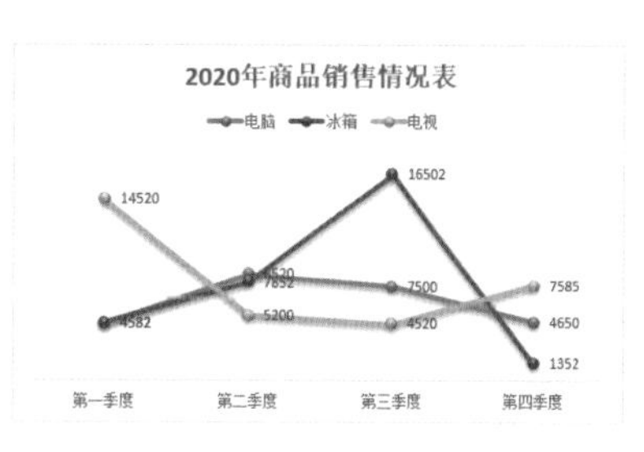


图 6-32

显示时可带有数据标记以指示单个数据值，也可以不带数据标记。折线图对于显示随时间或排序的类别的变化趋势很有用，尤其是当有多个数据点并且它们的显示顺序很重要的时候。如果有多个类别或者值是近似的，则使用不带数据标记的折线图。

2. 堆积折线图（图 6-33）和带标记的堆积折线图（图 6-34）

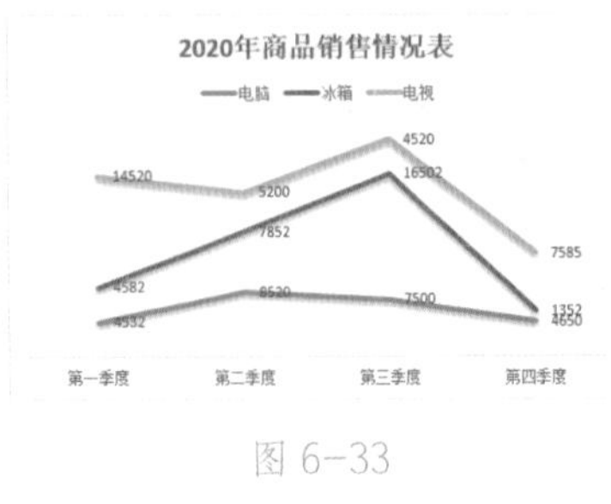


图 6-33

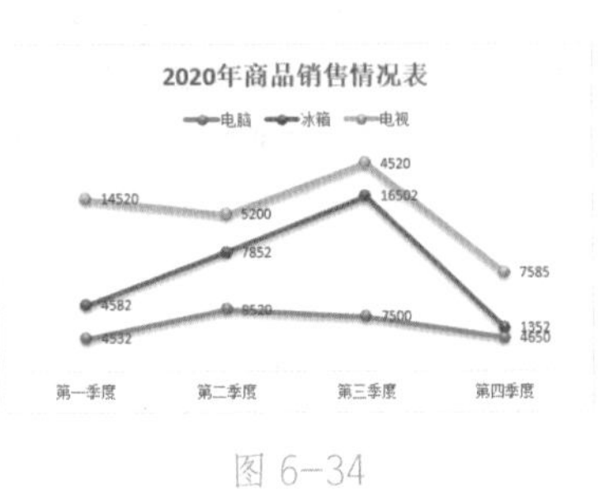


图 6-34

显示时可带有数据标记以指示单个数据值，也可以不带数据标记。堆积折线图可用于显示各个值的分布随时间或排序的类别的变化趋势，但是由于看到堆积的线很难，因此考虑改用其他折线图类型或者堆积面积图。

3. 百分比堆积折线图（图 6-35）和带数据标记的百分比堆积折线图（图 6-36）

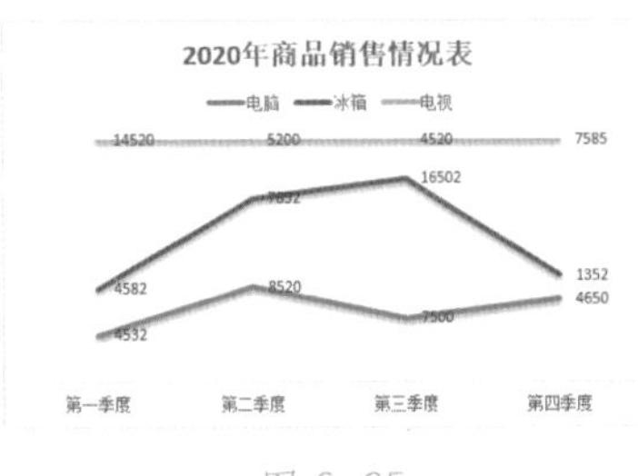


图 6-35

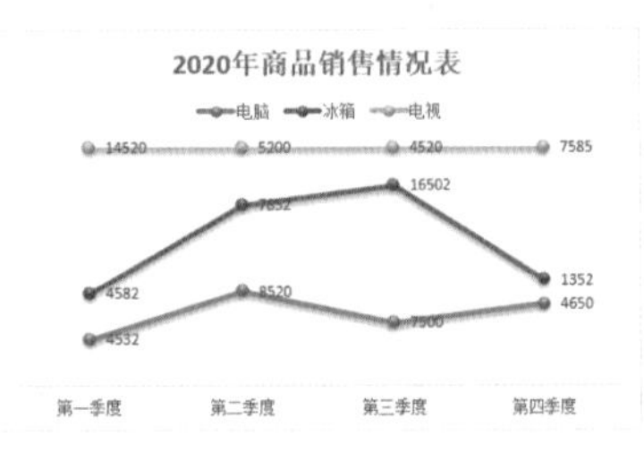


图 6-36

显示时可带有数据标记以指示单个数据值，也可以不带数据标记。百分比堆积折线图对于显示每一数值所占百分比随时间或排序的类别而变化的趋势很有用。如果有多个类别或者值是近似的，则使用不带数据标记的百分比堆积折线图。

**提示：** 为了更好地显示这种类型的数据，请考虑改用百分比堆积面积图。

4. 三维折线图（图 6-37）

三维折线图将每一行或列的数据显示为三维标记。三维折线图具有可修改的水平轴、垂直轴和深度轴。

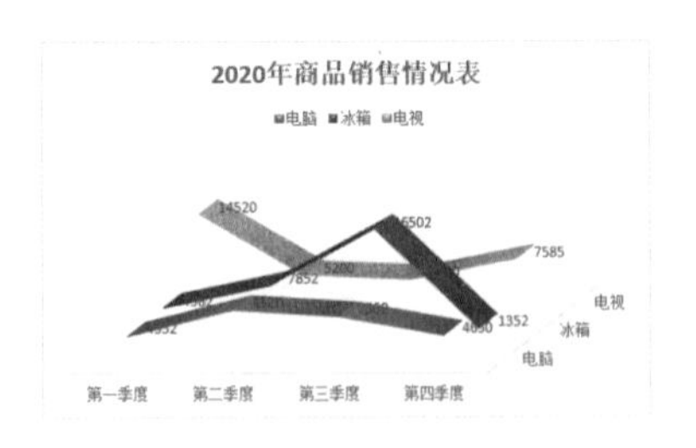


图 6-37

### 6.3.4　饼图

仅排列在工作表的一列或一行中的数据可以绘制到饼图中。饼图显示组成数据系列的项目在项目总和中所占的比例，通常只显示一个数据系列中各项的大小与各项总和的比例。饼图中的数据点显示为整个饼图的百分比。

> **提示：** 所谓数据系列，是指在图表中绘制的相关数据点，这些数据源自数据表的行或列。图表中的每个数据系列具有唯一的颜色或图案并且在图表的图例中表示。可以在图表中绘制一个或多个数据系列。饼图只有一个数据系列。

如下情况适合使用饼图：

- 仅有一个要绘制的数据系列。
- 要绘制的数值没有负值。
- 要绘制的数值几乎没有零值。
- 不超过七个类别。
- 各类别分别代表整个饼图的一部分。

饼图包括如下子图表类型。

#### 1. 饼图（图 6-38）和三维饼图（图 6-39）

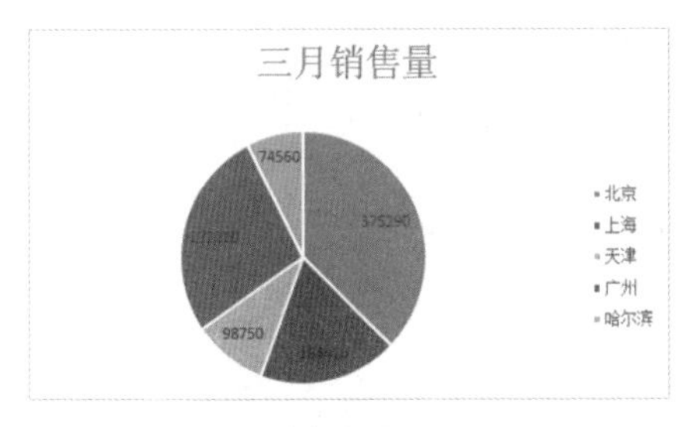


图 6-38

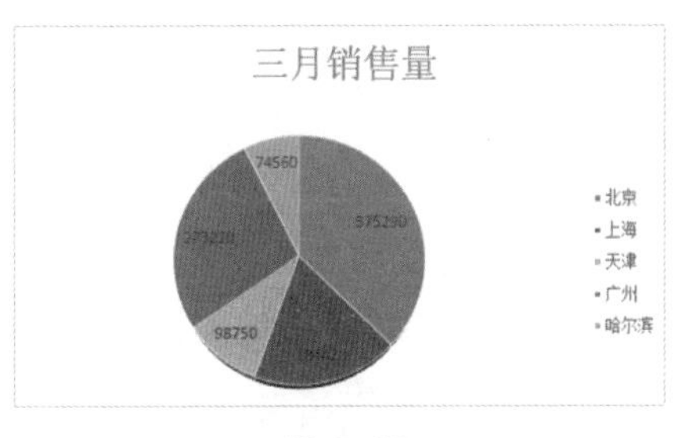


图 6-39

饼图采用二维或三维格式显示各个值相对于总数值的分布情况。可以手动拉出饼图的扇区，以强调特定扇区。

#### 2. 子母饼图（图 6-40）和复合条饼图（图 6-41）

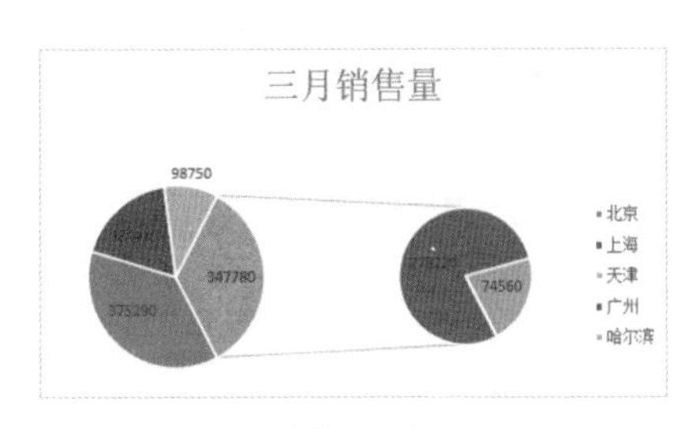


图 6-40

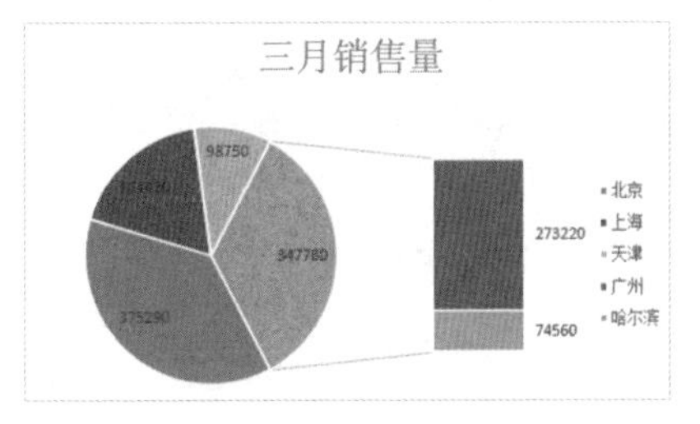


图 6-41

子母饼图或复合条饼图显示了从主饼图提取用户定义的数值并组合进次饼图或堆积条形图的饼图。如果要使主饼图中的小扇区更易于辨别，那么可使用此类图表。

3. 圆环图（图 6-42）

仅排列在工作表的列或行中的数据可以绘制到圆环图中。像其他饼图一样，圆环图显示各个部分与整体之间的关系，但是它可以包含多个数据系列。

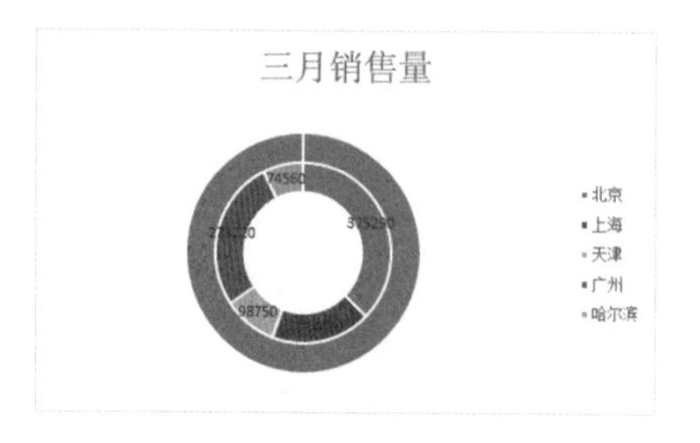


图 6-42

## 6.3.5 XY 散点图

XY 散点图主要用来比较在不均匀时间或测量间隔上的数据变化趋势。如果间隔均匀，应该使用折线图。

XY 散点图包括如下子图表类型。

1. 散点图（图 6-43）

2. 带平滑线和数据标记的散点图（图 6-44）

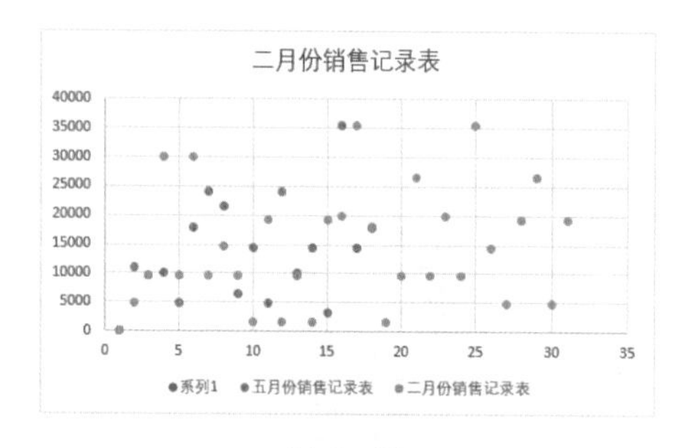


图 6-43

图 6-44

3. 带平滑线的散点图（图 6-45）

4. 带直线和数据标记的散点图（图 6-46）

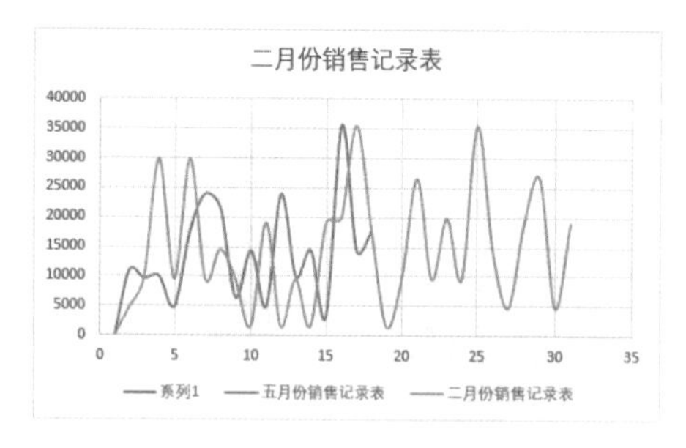

图 6-45

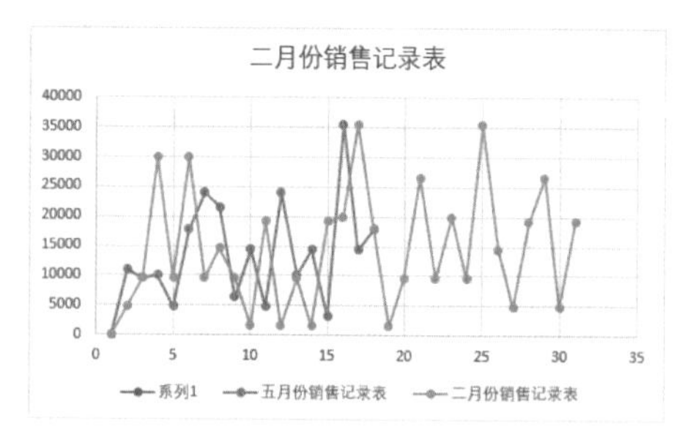


图 6-46

5. 带直线的散点图（图 6–47）

6. 气泡图（图 6–48）

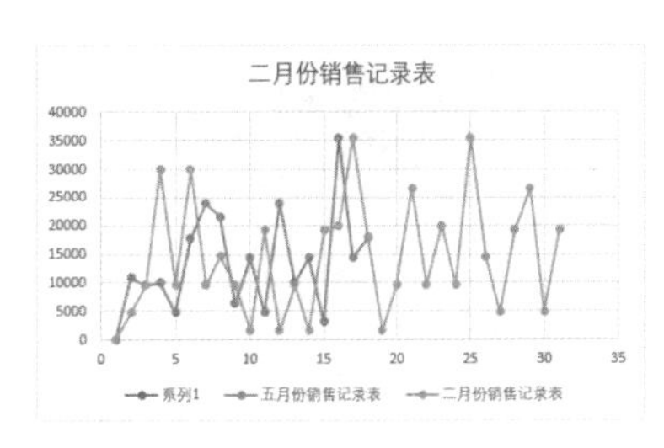

图 6–47

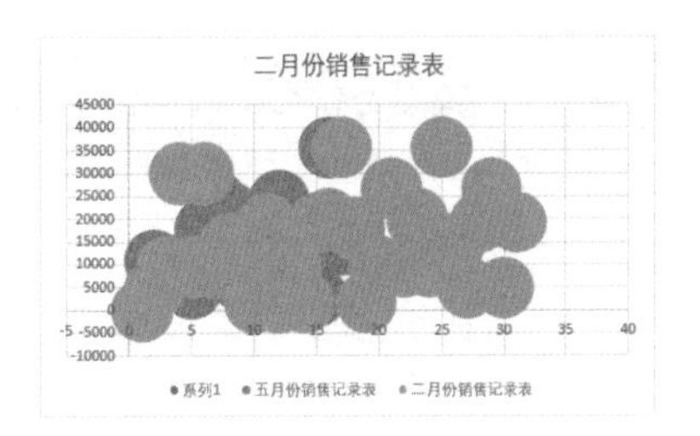


图 6–48

气泡图的数据标记的大小反映了第三个变量的大小。气泡图的数据应包括三行或三列，将 X 值放在一行或一列中，并在相邻的行或列中输入对应的 Y 值，第三行或列数据就表示气泡大小。

例如，可以按图 6–49 所示组织数据。

7. 三维气泡图（图 6–50）

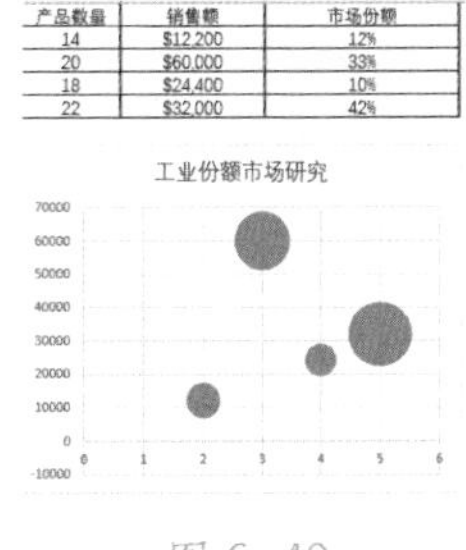

| 产品数量 | 销售额 | 市场份额 |
|---|---|---|
| 14 | $12,200 | 12% |
| 20 | $60,000 | 33% |
| 18 | $24,400 | 10% |
| 22 | $32,000 | 42% |



图 6–49

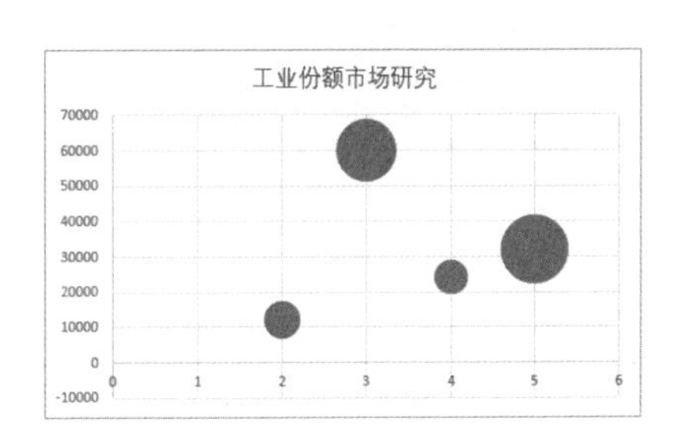


图 6–50

## 6.3.6　面积图

面积图用于显示不同数据系列之间的对比关系，同时也显示各数据系列与整体的比例关系，尤其强调随时间的变化幅度。

面积图包括如下子图表类型。

1. 面积图（图 6–51）和堆积面积图（图 6–52）

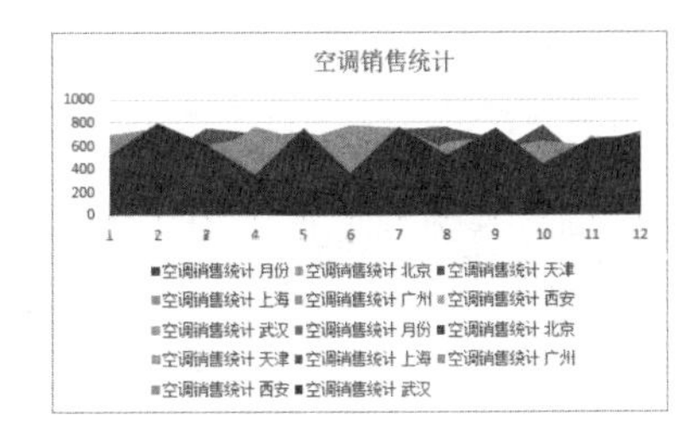


图 6–51

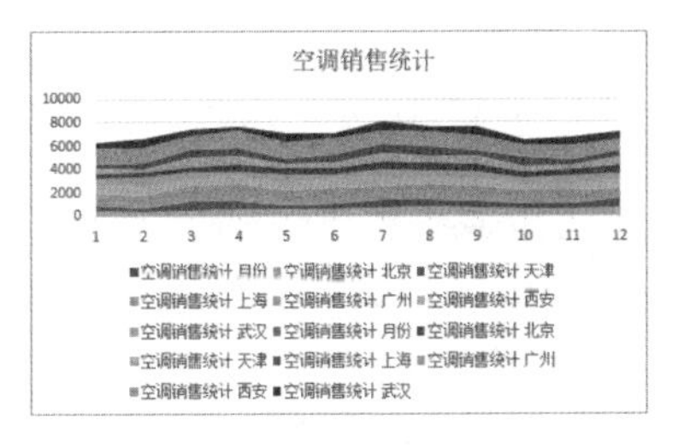


图 6–52

2. 百分比堆积面积图（图 6-53）和三维面积图（图 6-54）

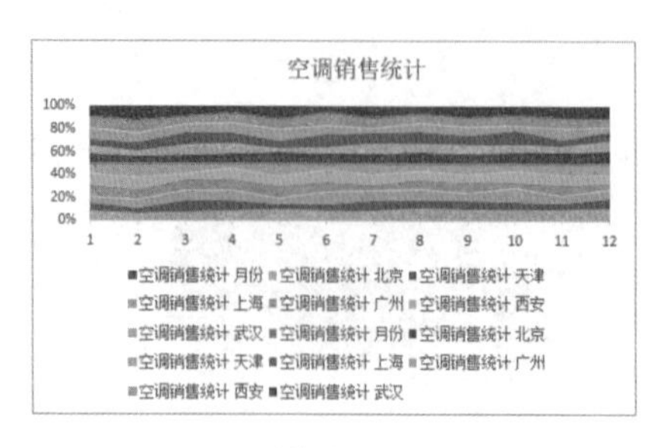


图 6-53

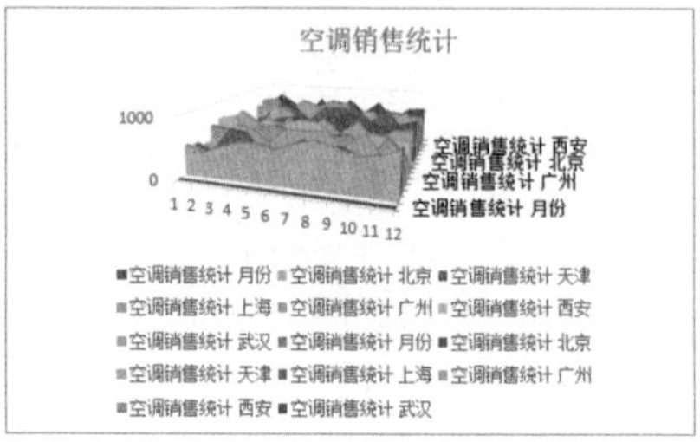

图 6-54

3. 三维堆积面积图（图 6-55）和三维百分比堆积面积图（图 6-56）

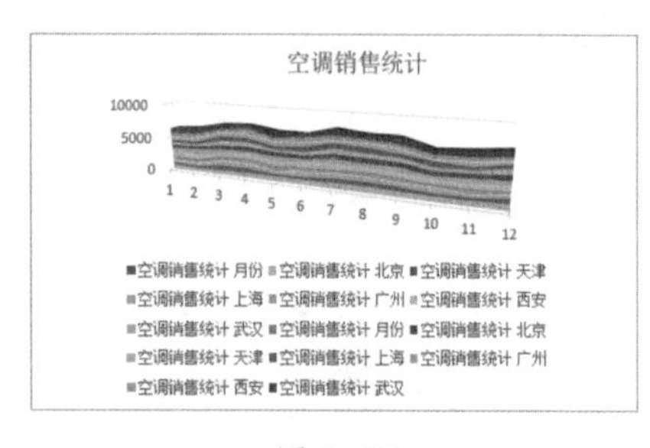


图 6-55

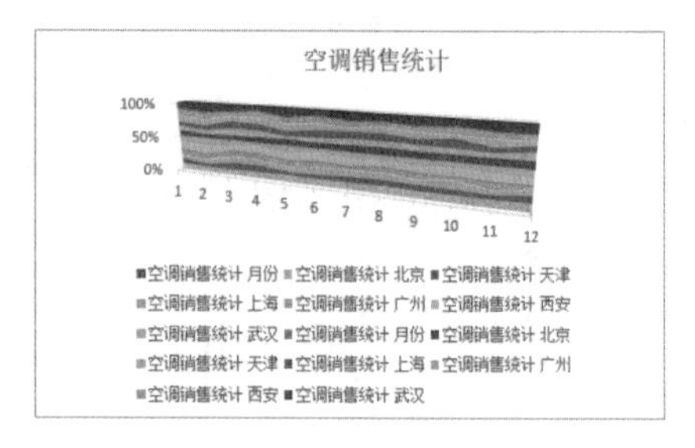


图 6-56

### 6.3.7 雷达图

排列在工作表的列或行中的数据可以绘制到雷达图中。雷达图比较几个数据系列的聚合值，显示数值相对于中心点的变化情况，它包括如下子图表类型。

1. 雷达图和带数据标记的雷达图

雷达图显示各值相对于中心点的变化，其中可能显示各个数据点的标记，也可能不显示这些标记。

2. 填充雷达图

在填充雷达图中，由一个数据系列覆盖的区域用一种颜色来填充。

### 6.3.8 曲面图和股价图

1. 曲面图

曲面图在连续曲面上跨两维显示数据的变化趋势，它包括如下子图表类型：

- 三维曲面图
- 三维线框曲面图
- 曲面图
- 曲面图（俯视框架图）
- 成交量—开盘—盘高—盘低—收盘图

2. 股价图

股价图通常用于显示股票价格及其变化的情况，但也可以用于科学数据（如表示温度的变化）。它包括如下子图表类型：

- 盘高—盘低—收盘图
- 开盘—盘高—盘低—收盘图
- 成交量—盘高—盘低—收盘图

## 6.3.9　可在 Excel 中创建的其他类型的图表

如果在可用图表类型列表中没有看到您要创建的图表类型，可以用其他方法在 Excel 中创建这种图表。

例如，可以创建下列图表：

### 1. 甘特图和浮动柱形图

可以使用某个图表类型来模拟这些图表类型。例如，可以使用条形图来模拟甘特图，也可以使用柱形图来模拟描绘最小值和最大值的浮动柱形图。

### 2. 组合图

若要强调图表中不同类型的信息，可以在该图表中组合两种或更多种图表类型。例如，可以组合柱形图和折线图来显示即时视觉效果，从而使该图表更易于理解。

### 3. 组织结构图

可以插入 SmartArt 图形来创建组织结构图、流程图或层次结构图。

还可以创建直方图、排列图等图表类型。

## 6.3.10　认清坐标轴的 4 种类型

在一般情况下，图表有两个坐标轴：X 轴（刻度类型为时间轴、分类轴或数值轴）和 Y 轴（刻度类型为数值轴）。

三维图表有第 3 个轴：Z 轴（刻度类型为系列轴）。

饼图或圆环图没有坐标轴。

雷达图只有数值轴，没有分类轴。

### 1. 时间轴

时间具有连续性的特点。在图表中应用时间轴时，若数据系列的数据点在时间上为不连续的，则会在图表中形成空白的数据点。要清除空白的数据点，必须将时间轴改为分类轴。

### 2. 分类轴

分类轴显示数据系列中每个数据点对应的分类标签。

若分类轴引用的单元格区域包含多行（或多列）文本，则可能显示多级分类标签。

### 3. 数值轴

除了饼图和圆环图外，每幅图表至少有一个数值轴。

若数据系列引用的单元格包含文本格式，则在图表中绘制为 0 值的数据点。

### 4. 系列轴

三维图表的系列轴仅是显示不同的数据系列的名称，不能表示数值。

## 6.3.11　了解图表的要素

### 1. 常见的六项要素

图表的常见的六项要素包括图表标题、绘图区、数据系列、图表区、图例和坐标轴（包括 X 轴和 Y 轴），如图 6–57 所示。

### 2. 数据表要素

图表的第 7 要素为数据表，如图 6–58 所示。

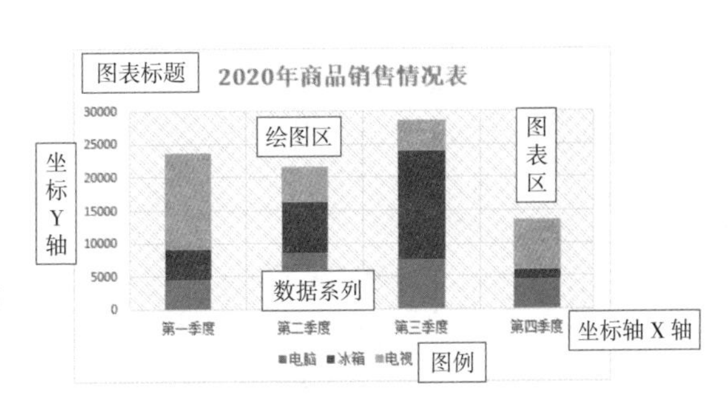


图 6–57

### 3. 三维背景要素

图表的第 8 要素为三维背景，三维背景由基座和背景墙组成，如图 6-59 所示。

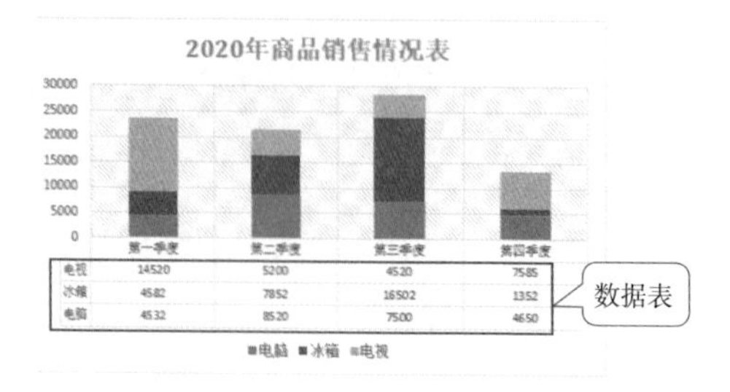


图 6-58

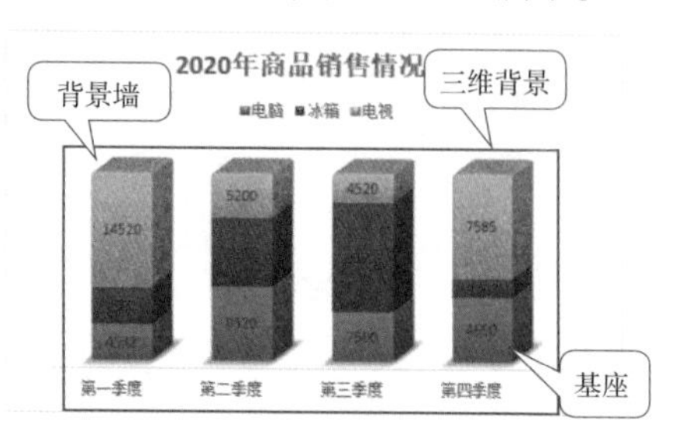


图 6-59

## 6.4 创建与编辑图表

图表在 PPT 中有什么用途呢？

·迅速传达信息。

·直接专注重点。

·更突出事物之间的相互关系。

·使信息表达更鲜明生动。

图表设计应该遵循如下原则：

·文不如字，字不如表，表不如图。

·图表要服务于内容。

·每张图表都表达一个明确的信息。

·一页 PPT 最好只放一个主要图表。

本节要讲解的是创建与编辑图表的一般操作方法。

### 6.4.1 创建图表

**操作方法：**

（1）单击幻灯片编辑区中要插入图表的位置，在【插入】|【插图】段落中单击【图表】按钮；或在项目占位符中单击【插入】|【插图】段落中的【插入图表】按钮，打开【插入图表】对话框。

（2）在对话框左侧选择图表类型，如选择【柱状图】选项，在对话框右侧的列表框中选择柱状图类型下的图表样式，如图 6-60 所示为【簇状柱形图】。

（3）单击【确定】按钮，此时将打开“Microsoft PowerPoint 中的图表”电子表格，如图 6-61 所示。

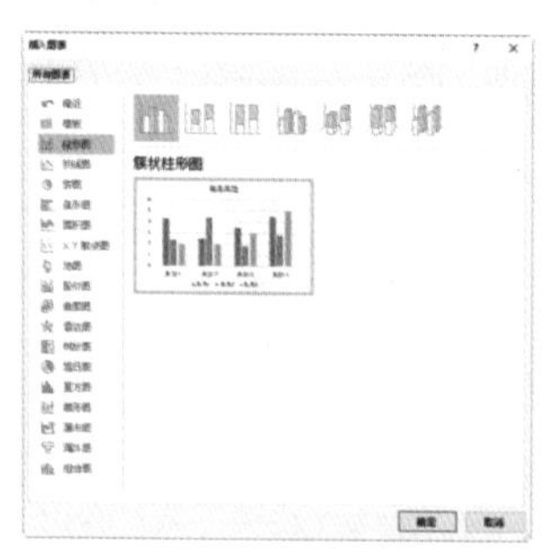

图 6-60

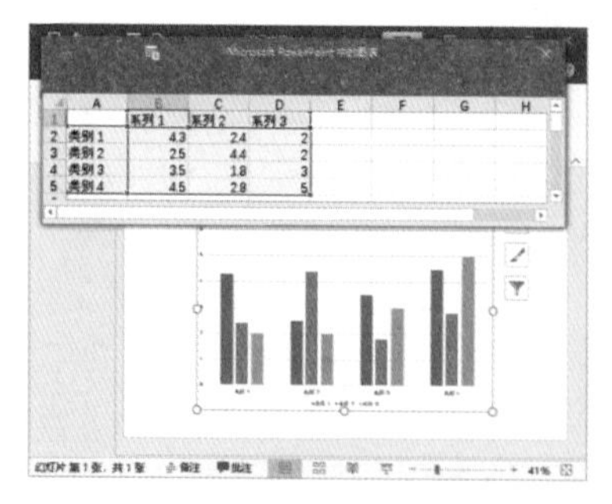

图 6-61

（4）双击单元格，在其中输入表格数据，如图 6–62 所示。

（5）单击电子表格右上角的【关闭】按钮关闭电子表格，完成图表的插入，并设置图表标题为“1–3 月份电器销售统计”，如图 6–63 所示。

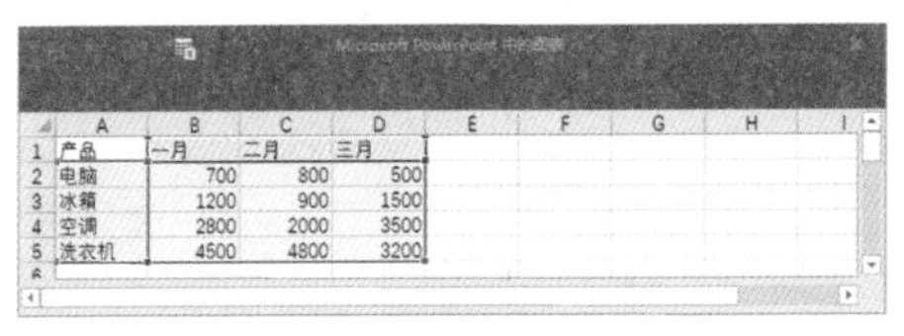

| 产品 | 一月 | 二月 | 三月 |
| --- | --- | --- | --- |
| 电脑 | 700 | 800 | 500 |
| 冰箱 | 1200 | 900 | 1500 |
| 空调 | 2800 | 2000 | 3500 |
| 洗衣机 | 4500 | 4800 | 3200 |

图 6–62

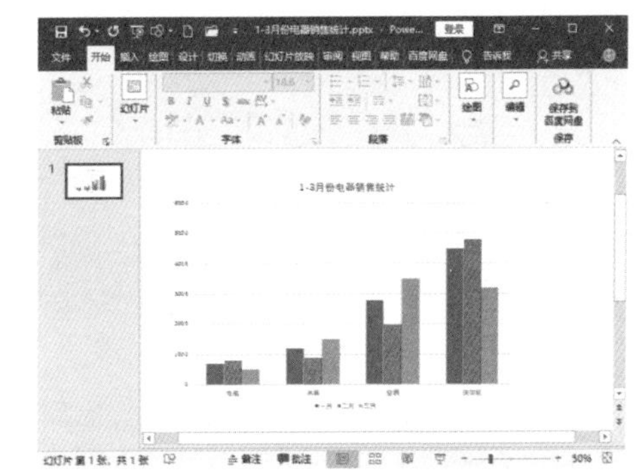


图 6–63

（6）将 PPT 保存为“1–3 月份电器销售统计 .pptx”。

## 6.4.2　添加趋势线

操作方法：

（1）选择一个图表。

（2）选择【设计】|【添加图表元素】。

（3）选择【趋势线】，然后选择所需趋势线类型，如【线性】、【线性预测】或【移动平均】，如图 6–64 所示。

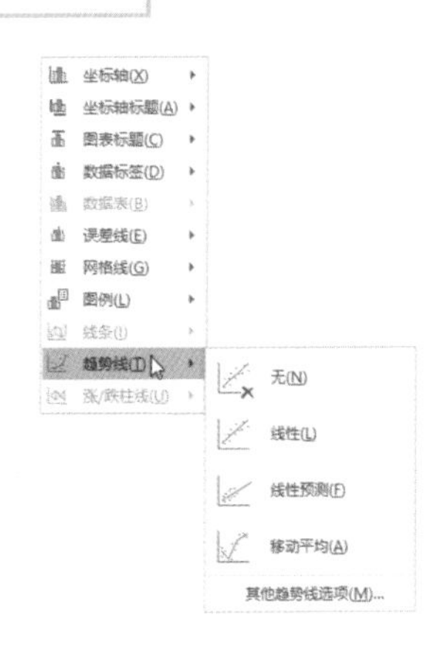


图 6–64

## 6.4.3　选中图表的某个部分

在介绍如何修改图表的组成部分之前，先介绍一下如何正确地选中要修改的部分。前面已经介绍过，只要单击就可以选中图表中的各部分，但是有些部分很难准确地选中。

操作方法：

（1）打开“1–3 月份电器销售统计 .pptx”。

（2）单击激活图表，在图表右侧会出现三个工具按钮，从行到下分别是【图表元素】、【图表样式】和【图表筛选器】，如图 6–65 所示。

（3）单击【图表筛选器】工具按钮，打开如图 6–66 所示浮动面板。

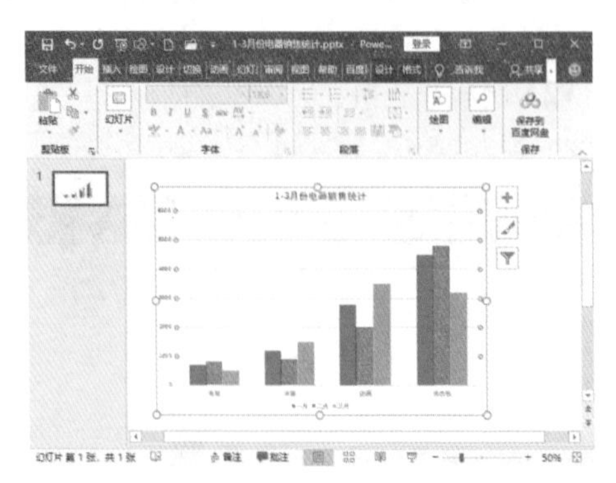

图 6-65

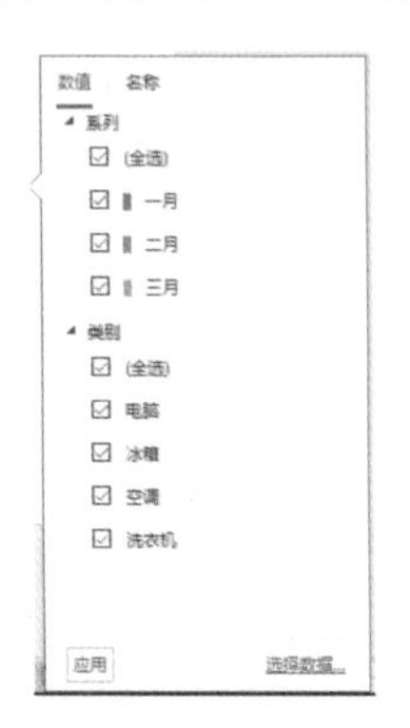


图 6-66

（4）单击右下角的【选择数据】超链接，打开【选择数据源】对话框，在【图例项（系列）】和【水平轴（分类）标签】的列表框中，可以看到该图表中的各个组成部分，如图 6–67 所示，从中选择图表需要的部分即可。在这里选择【水平轴（分类）标签】列表框中的前两项【电脑、冰箱】，如图 6–68 所示。

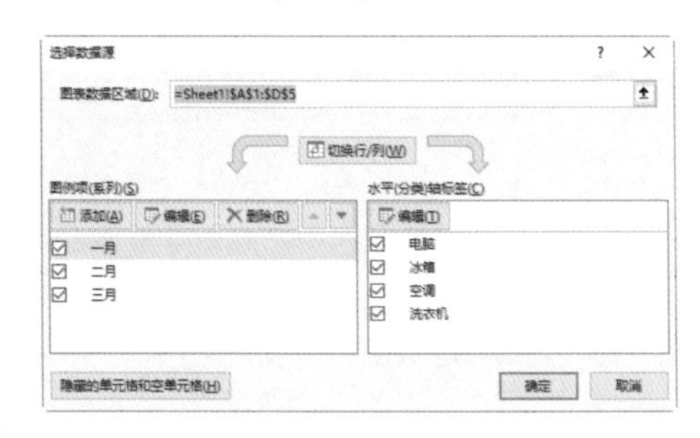


图 6-67

（5）单击【确定】按钮，筛选后的图表就变成了如图 6–69 所示的效果。

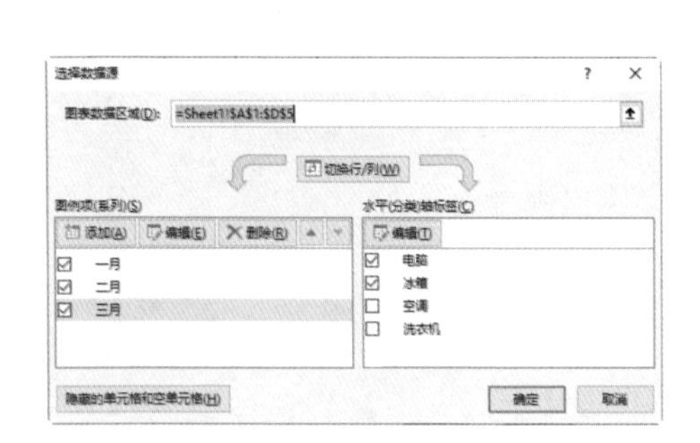


图 6-68

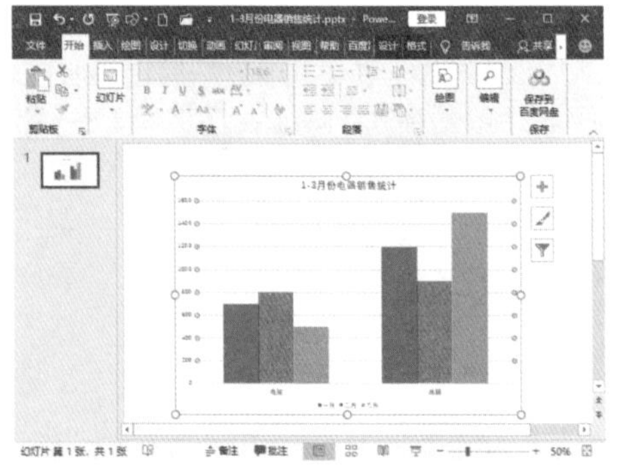

图 6-69

## 6.4.4 改变图表类型

由于图表类型不同，坐标轴、网格线等设置不尽相同，所以在转换图表类型时，有些设置会丢失。改变图表类型的快捷方法是，单击【设计】菜单选项卡中的【类型】段落中的【更改图表类型】按钮，在弹出的【更改图表类型】对话框中选择所需图表类型即可。

也可以使用下面的方法改变图表类型：

（1）打开“1–3 月份电器销售统计 .pptx”。

（2）使用鼠标右键单击图表空白处，然后在弹出菜单中选择【更改图表类型】命令，如图 6–70 所示。

（3）在打开的【更改图表类型】对话框中选择一种图表，然后单击【确定】按钮，如图 6–71 所示。

如图 6–72 所示为更改图表为簇状条形图后的效果。

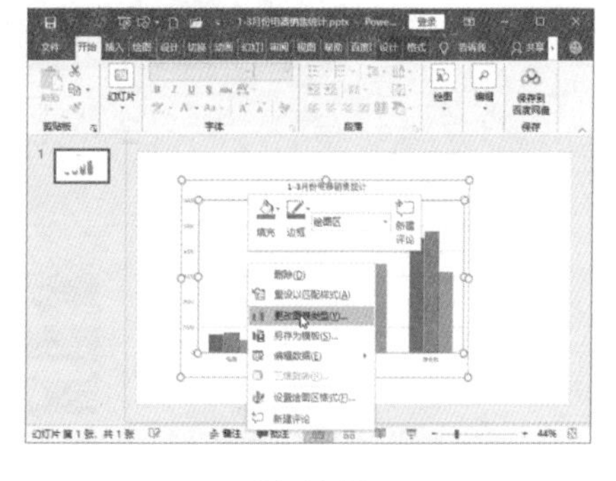

图 6–70

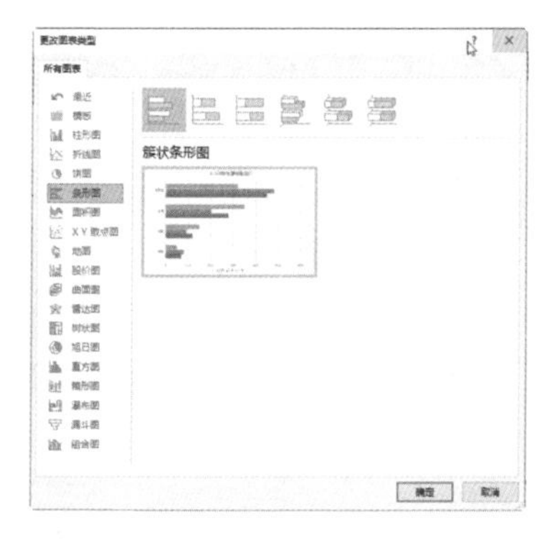

图 6–71

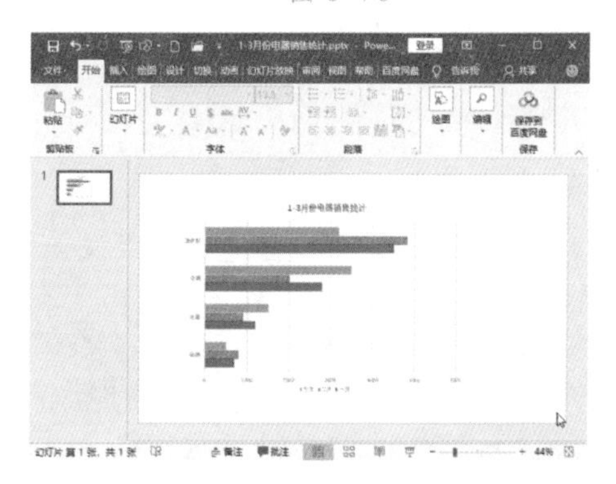

图 6–72

提示：在图表上的任意的位置单击，都可以激活图表。要想改变图表大小，在图表绘图区的边框上单击鼠标左键，就会显示出控制点，将鼠标指针移到控制点附近，鼠标指针变成双箭头形状，这时按下鼠标左键并拖动就可以改变图表的大小。要移动图表的位置，只需在图表范围内，在任意空白位置按下鼠标左键并拖动即可，在鼠标拖动过程中，有虚线指示此时释放鼠标左键时图表的轮廓。

### 6.4.5　移动或者删除图表的组成元素

图表生成后，可以对其进行编辑，如制作图表标题、向图表中添加文本、设置图表选项、删除数据系列、移动和复制图表等。

要想移动或者删除图表中的元素，和移动或改变图表大小的方法相似，用鼠标左键单击要移动的元素，该元素就会出现控制点，拖动控制点就可以改变大小或者移动，如图 6–73 所示。

如果按下键盘上的 Del 键就可以删除选中的元素，删除其中一组元素后，图表将显示余下的元素。

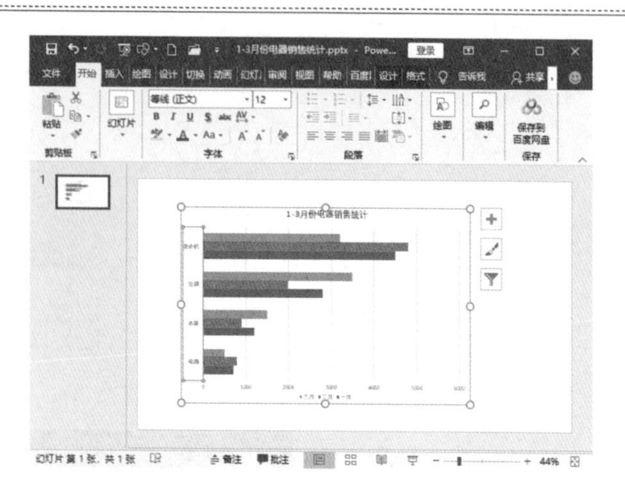

图 6-73

### 6.4.6 在图表中添加自选图形或文本

用户可向图表中添加自选图形，再在自选图形中添加文本（但线条、连接符和任意多边形除外），以使图表更加具有效果性。

**操作方法：**

（1）选择【插入】菜单选项卡，单击【插图】段落中的【形状】按钮，在打开的形状浮动面板中选择相应的工具按钮，如图 6-74 所示，在图表区域拖动绘制图形。或者执行【插入】|【文本】|【文本框】命令插入文本。

（2）为图表添加各种文字后，使该图表更有说明效果，如图 6-75 所示。然后调整插入形状的大小和位置，并设置文字的格式。

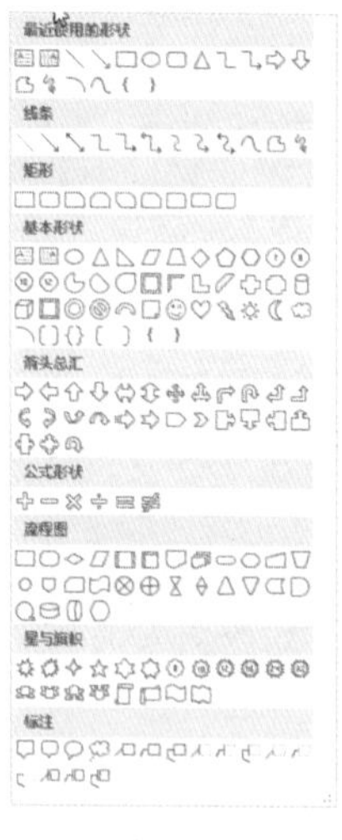

图 6-74

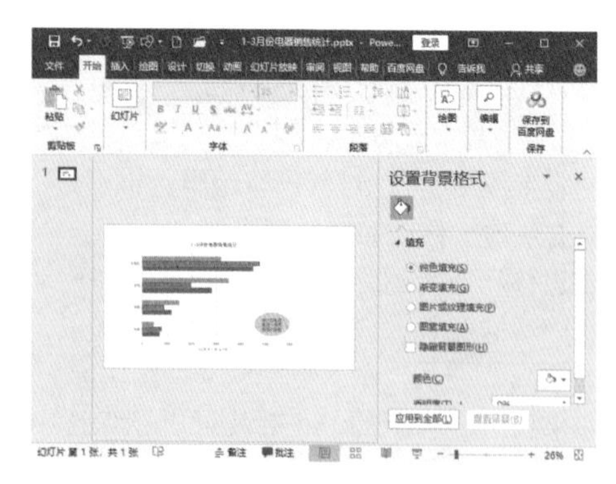

图 6-75

提示：这里只是举例说明添加自选图形或文本的方法，其实图表的标题是可以在设置图表选项时添加的。

## 6.5 美化图表

制作好一个图表后，可以更改图表标题、网格线、图例、坐标轴、数据标志和数据表等。

### 6.5.1 修改图表绘图区域

图表绘图区的背景色默认情况下是白色的，如果用户对这种颜色不满意，可以通过拖动设置来修改绘图区的背景色。用户可以为绘图区的背景添加上纯色、渐变填充、图片填充和图案填充等背景。

图6–76为6.4.1节中创建好的图表，接下来讲解一下如何修改其图表绘图区域的方法。

操作方法：

使用鼠标右键单击图表空白处，在弹出菜单中选择【设置图表区域格式】命令，打开【设置图表区格式】任务窗格，该窗格的【图表】标签下有【填充与线条】、【效果】和【大小与属性】三个选项图标按钮，如图6–77所示所示。

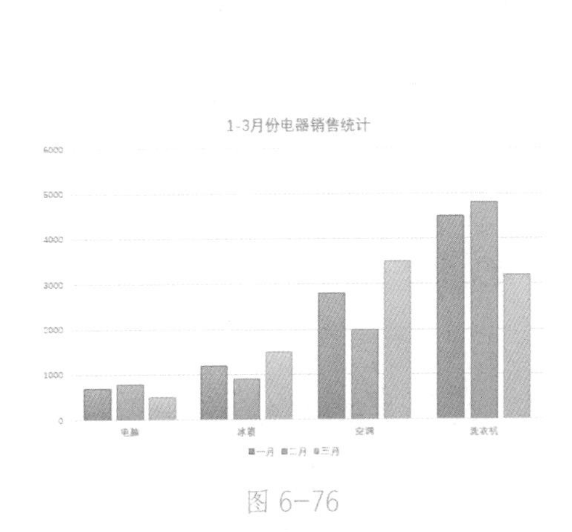


图6–76

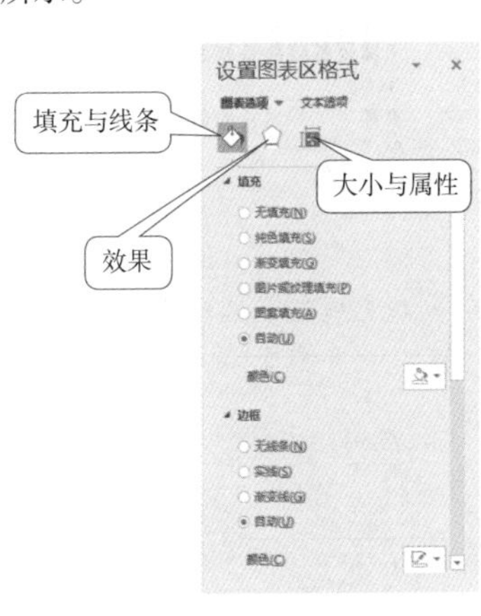


图6–77

#### 1. 设置图表绘图区填充

在【填充与线条】选项卡中，可以设置绘图区的填充与边框。

操作方法：

（1）在【边框】选项组，可以设置框线的样式、颜色、宽度、透明度等，如图6–78所示。

（2）在【填充】选项组，可以设置绘图区域为【纯色填充】、【渐变填充】、【图片或纹理填充】、【图案填充】等，还可以指定填充的颜色，如图6–79所示。

图 6-78

图 6-79

· 纯色填充。选中【纯色填充】单选按钮，然后单击【填充颜色】按钮，在打开的【主题颜色】面板中为填充指定一种颜色，如图 6-80 所示。图 6-81 为蓝色填充的图表效果。

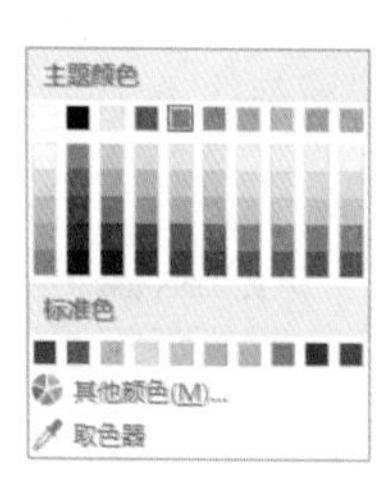


图 6-80

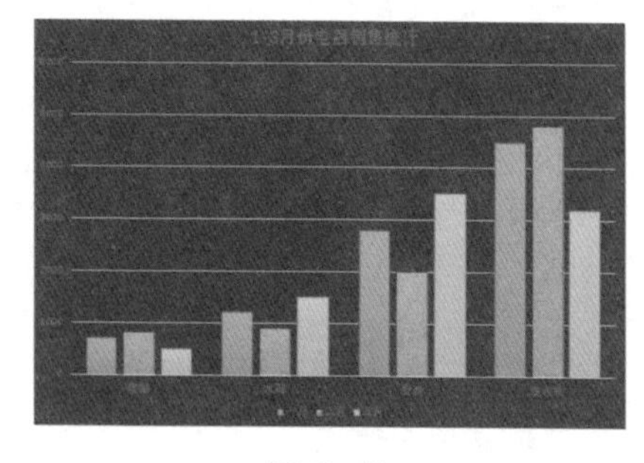

图 6-81

· 渐变填充。选中【渐变填充】单选按钮，【填充】分组变成如图 6-82 所示的样子，此时可以设置渐变填充的各种参数。图 6-83 为其中的一种效果。

图 6-82

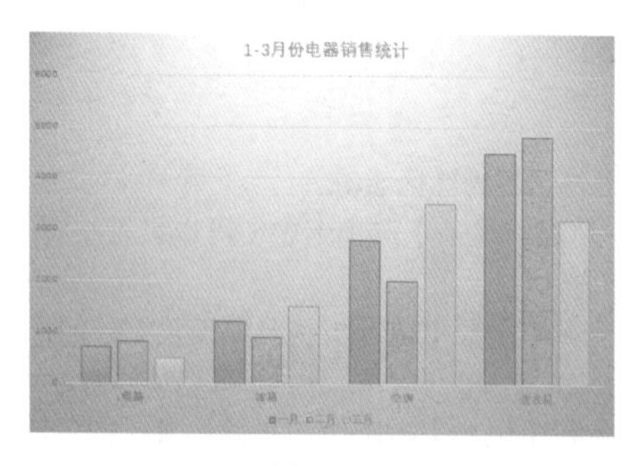


图 6-83

可以单击选中每一个渐变光圈点，为其设置不同的渐变色，如图 6-84 所示。

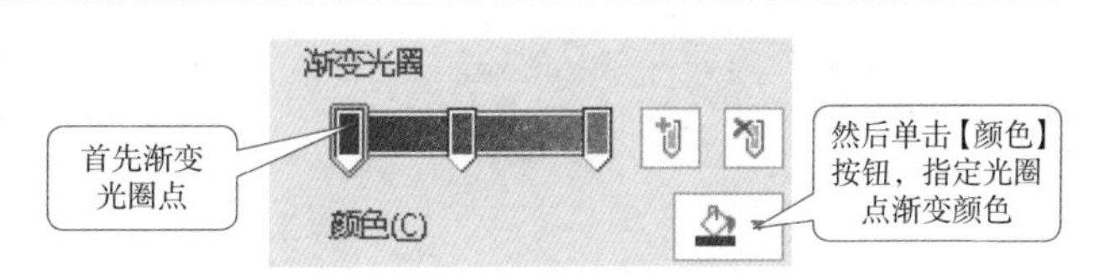


图 6-84

· 图片或纹理填充。选中【图片或纹理填充】单选按钮，【填充】分组变成如图 6-85 所示的样子。在【图片源】项下单击选择【插入】或【剪贴板】按钮，可以为绘图区域设置图片填充；在【纹理】项右侧单击【纹理】，可以为绘图区设置纹理填充。图 6-86 为纹理填充的一种图表效果。

图 6-85

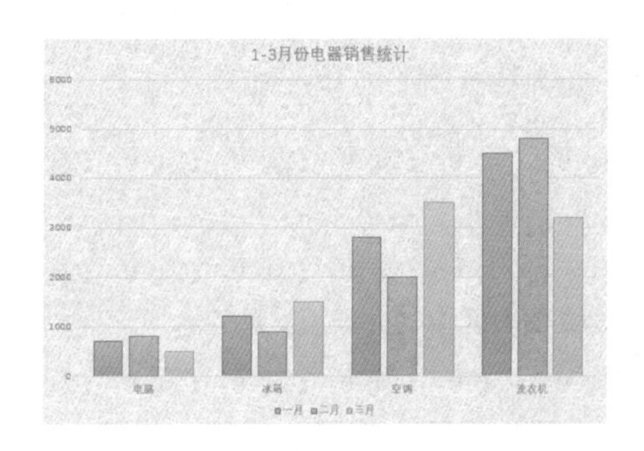


图 6-86

· 图案填充。选中【图案填充】单选按钮，【填充】分组变成如图 6-87 所示的样子。图 6-88 为纹理填充的一种图表效果。

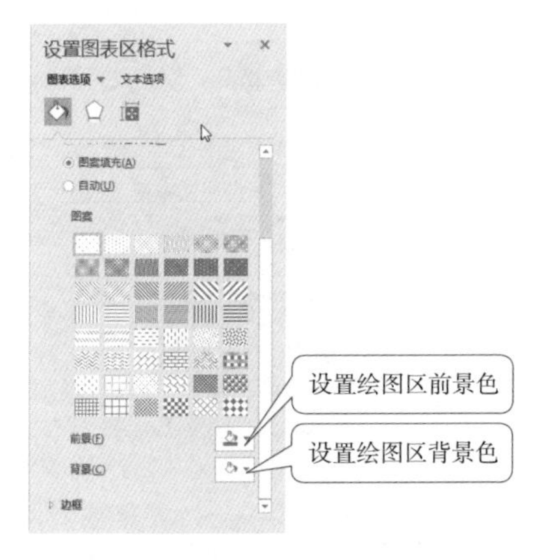


图 6-87

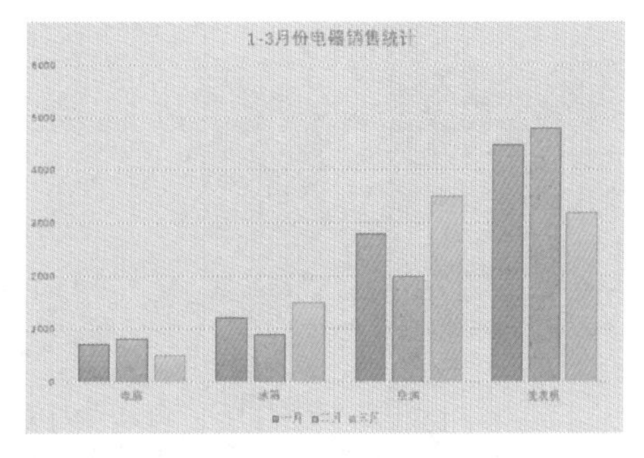


图 6-88

## 2. 设置绘图区效果

在【效果】选项卡中，可以为绘图区指定阴影、发光、柔化边缘、三维格式等效果，如图 6-89 所示。

图 6-89

图6-90为其中一种指定的三维效果图。

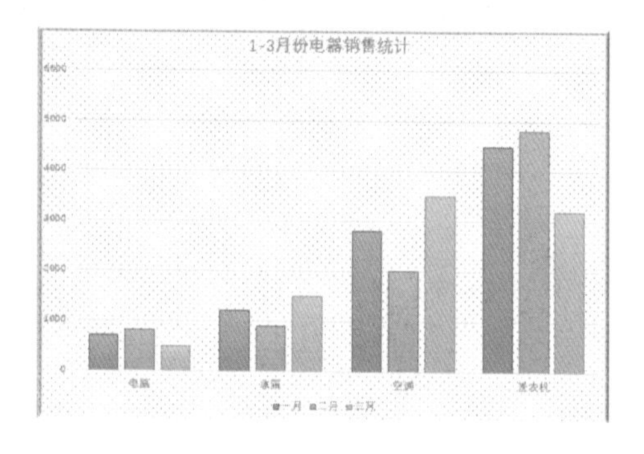


图 6-90

### 3. 设置图表绘图区的大小与属性

在【大小与属性】选项卡中，可以设置图表绘图区的大小和属性参数，如图 6-91 所示。

### 4. 设置图表区中的文本填充和轮廓

操作方法：

单击切换到【文本选项】选项栏，如图 6-92 所示。

图 6-91

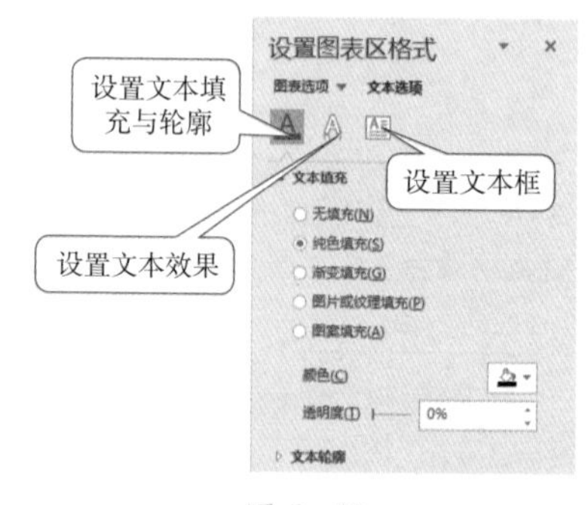


图 6-92

（1）选择【文本填充与轮廓】选项卡标签，在【文本填充】项下可以选择设置【无填充】、【纯色填充】、【渐变填充】、【图片或纹理填充】和【图案填充】，具体操作方法与前面设置图表绘图区填充的方法类似；在【文本轮廓】项下可以选择设置【无线条】轮廓、【实线】轮廓或【渐变线】轮廓。

（2）切换到【文字效果】选项卡标签中，可以为图表中的文本设置阴影、映像、发光、柔化边缘、三维格式、三维旋转效果，如图 6–93 所示。图 6–94 为应用文字效果后的效果。

图 6–93

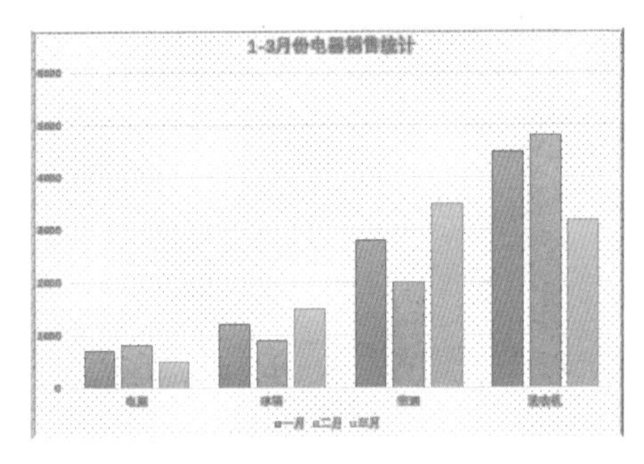

图 6–94

（3）切换到【文本框】选项卡标签中，可以为图表中选定的文本框中的文本设置垂直对齐方式、文字方向、自定义旋转角度等属性，如图 6–95 所示。注意！这里的操作只能针对图表中某一个文本框进行，套单独选择图表中的文本框才能有效。比如选中【图例】文本框，然后设置【文字方向】为【所有文字旋转 90°】，图表效果如图 6–96 所示。

图 6–95

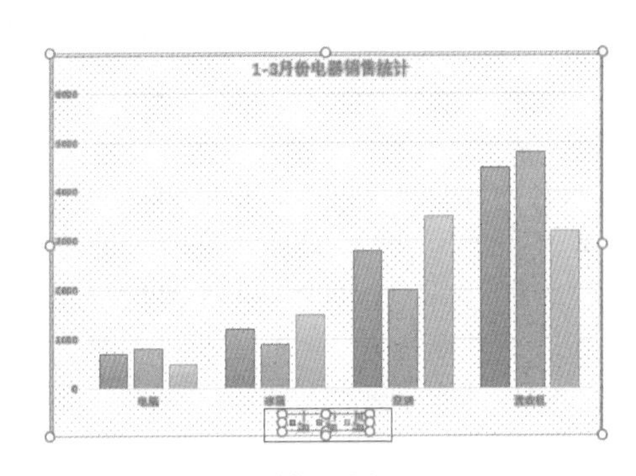

图 6–96

## 6.5.2　调整图例位置

图例是辨别图表中数据的依据，使用图例可以更有效地查看图表中的数据，这对于数据比较复杂的图表有重要的作用。如果要调整图表中的图例位置，可以按照下面的方法进行。

**操作方法：**

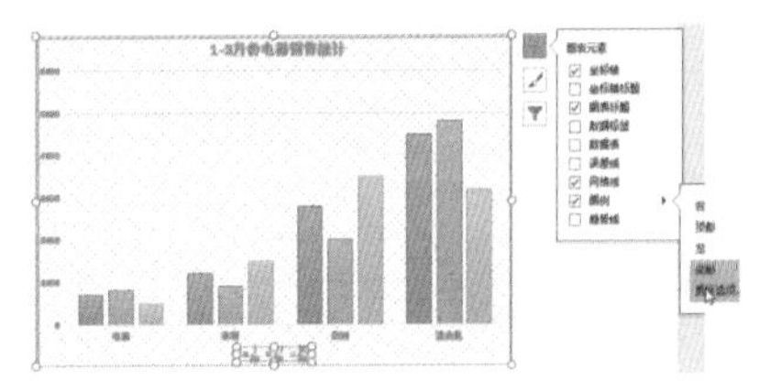

图 6–97

（1）单击图表空白处，在图表右上角就会出现三个工具按钮，单击其中的【图表元素】按钮 ，出现一个【图表元素】面板，将光标移至【图例】选项上，然后单击其右侧的向右箭头▶，在子菜单中单击选择【更多选项】，如图 6–97 所示。

（2）此时打开了【设置图例格式】任务窗格，

图 6-98 所示的为设置图例位置的选项卡。

（3）在【图例位置】分组下就可以设置调整图例的显示位置了。比如选择【靠右】，那么图表的效果如图 6-99 所示。

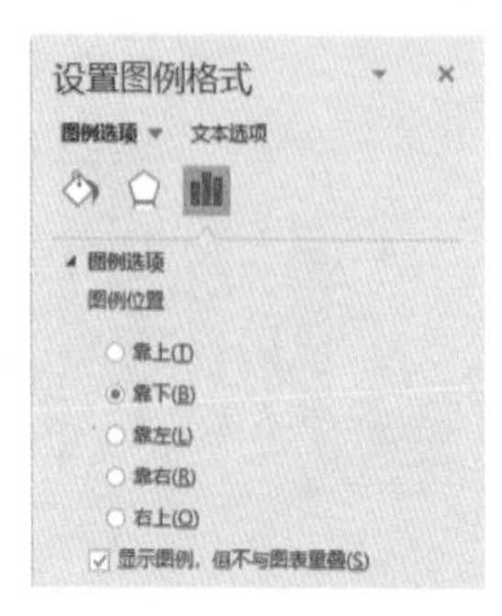


图 6-98

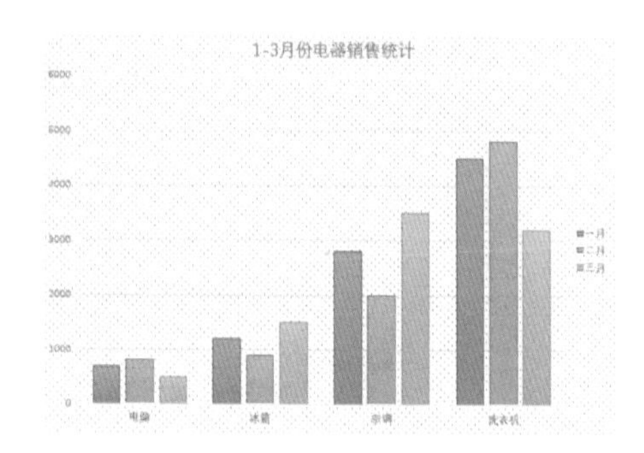


图 6-99

## 6.5.3 显示数据标签

在图表中还可以在相应的位置显示具体的数值，这样可以更直观地比较图表。

操作方法：

（1）单击图表空白处，在图表右上角就会出现三个工具按钮，单击其中的【图表元素】按钮，出现一个【图表元素】面板，单击选择【数据标签】选项，然后单击其右侧的向右箭头▸，在子菜单中单击选择【更多选项】。

（2）此时打开了【设置数据标签格式】任务窗格，单击【标签选项】图标，切换到【标签选项】选项卡标签，如图 6-100 所示。

（3）此时可以在【标签选项】分组下选择要显示的标签内容，在【标签位置】分组下可以选择标签的显示位置：居中、数据标签内、轴内侧或数据标签外，这里选择【居中】单选项。图表效果如图 6-101 所示。

图 6-100

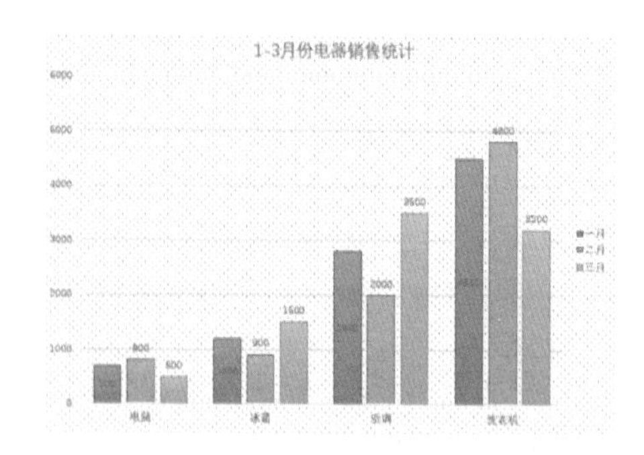


图 6-101

（4）此外，可以单击【填充与线条】图标、【效果】图标、【大小与属性】图标，分别设置数据标签的【填充与线条】、【效果】、【大小与属性】等参数，具体操作方法与 6.5.1 节中讲述的操作方法类似。

### 6.5.4　在图表中显示数据表

经常会看到图表下方有显示与数据源一样的数据表，用来代替图例、坐标轴标签和数据系列标签等，这又被称为【模拟运算表】。这个表是怎么形成的呢？

**操作方法：**

（1）在图表中单击图表绘图区空白处，在图表右上角就会出现三个工具按钮，如图6–102所示。

（2）单击其中的【图表元素】按钮，出现一个【图表元素】面板，单击选择【数据表】复选项，图表就会在下方显示和数据源一样的数据表，如图6–103所示。

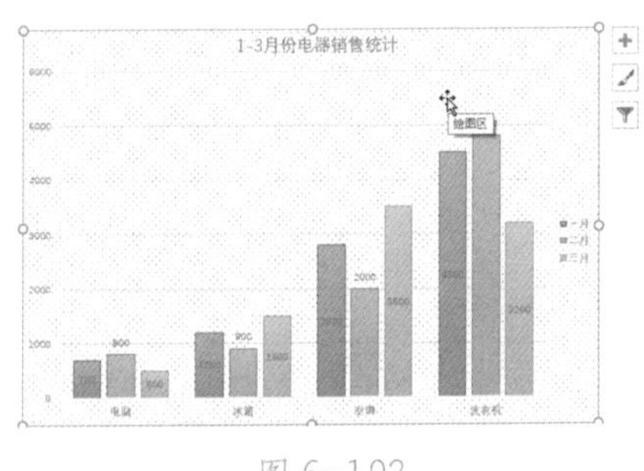


图6–102

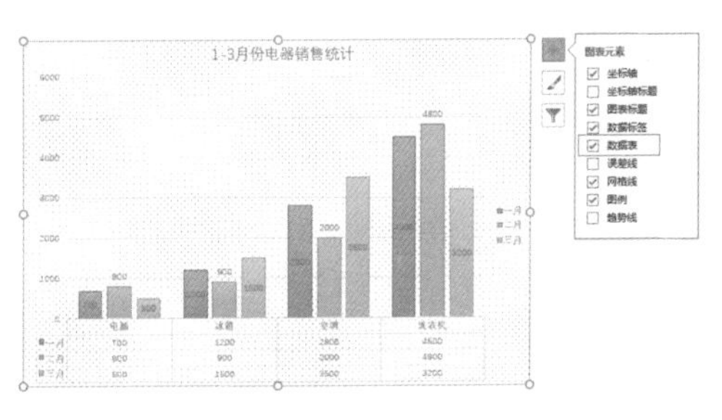


图6–103

### 6.5.5　增加和删除数据

如果要增加和删除数据工作表中的数据，并且希望在已制作好的图表中描绘出所增加或删除的数据，可以按照下面的方法进行操作。

1. 删除数据

**操作方法：**

（1）单击工作表中要更改的数据图表，此时要增加或删除的数据即可呈选中状态，如图6–104所示。

（2）使用鼠标右键单击，在弹出菜单中选择【删除】命令，图表选中数据就被删除了，如图6–105所示。

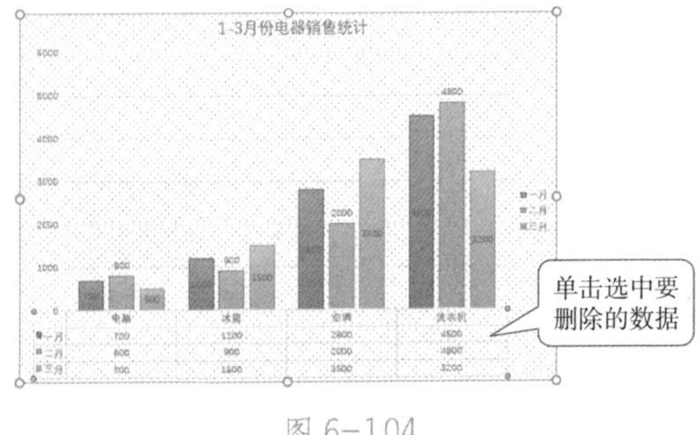


图6–104

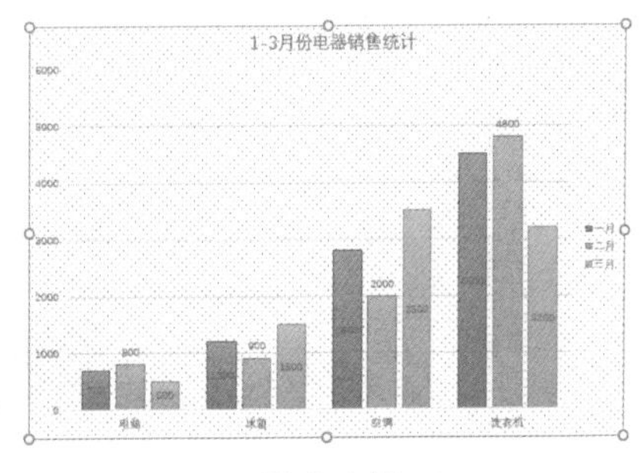


图6–105

2. 添加数据

接下来介绍如图为数据表添加新的数据。

操作方法:

（1）选中如图 6-96 所示图表。选择第二个【设计】菜单选项卡，单击【图表布局】段落中的【添加图表元素】按钮，打开如图 6-106 所示菜单。

（2）依次选择【误差线】|【百分比】命令。如图 6-107 所示。

图表变成了如图 6-108 所示的样子。

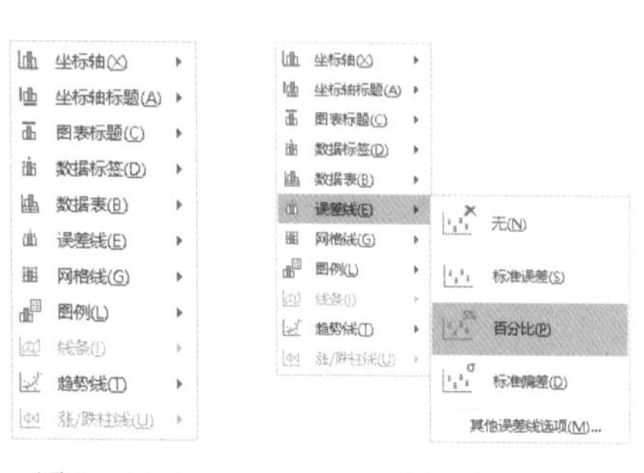


图 6-106　　图 6-107

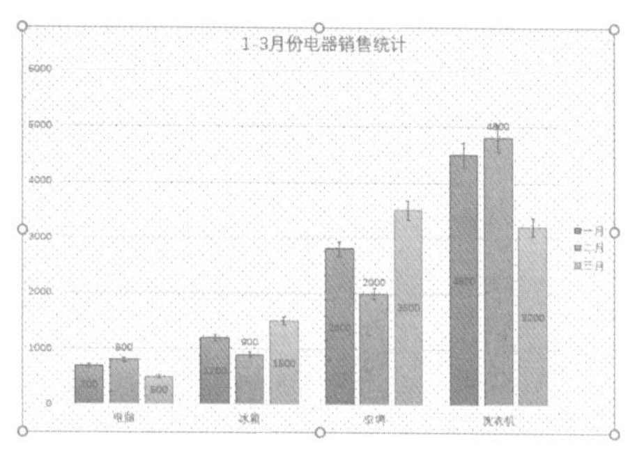


图 6-108

## 6.5.6 应用内置的图表样式

用户创建好图表后，为了使图表更加美观，可以设置图表的样式。通常情况下，最方便快速的方法就是应用 PPT 提供的内置样式。

操作方法:

（1）图 6-109 为 6.4.1 节中创建好的图表，可以更改下图表的样式。

（2）使用鼠标左键单击图表空白处选中整个图表，然后选择第二个【设计】菜单选项卡，在【图表样式】段落中单击【其他命令】按钮，展开所有的图表样式，如图 6-110 所示。

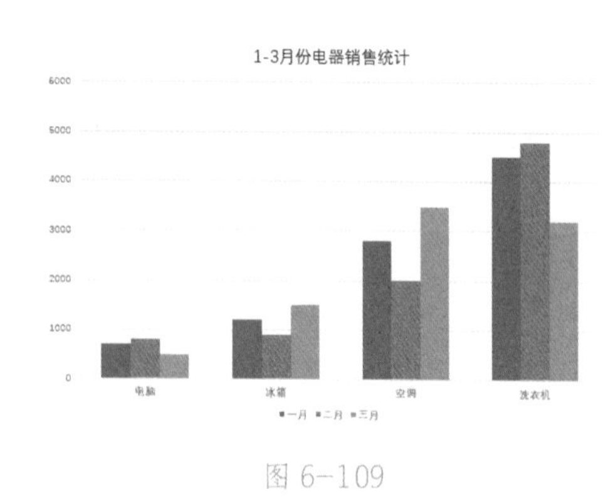


图 6-109

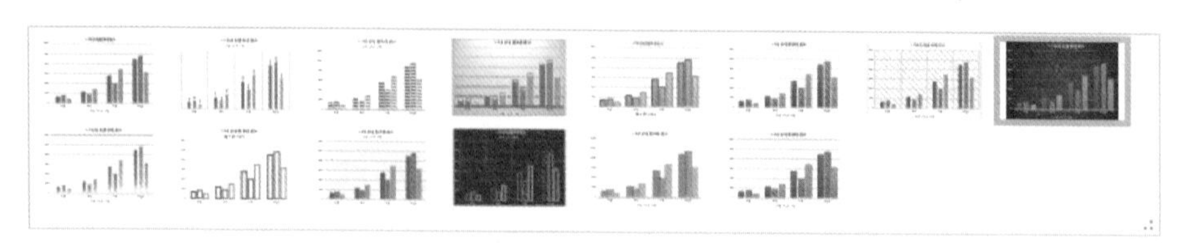

图 6-110

（3）在展开的【图表样式】面板中，单击选择一种样式进行应用即可。在这里选择【样式 8】，效果如图 6–111 所示。

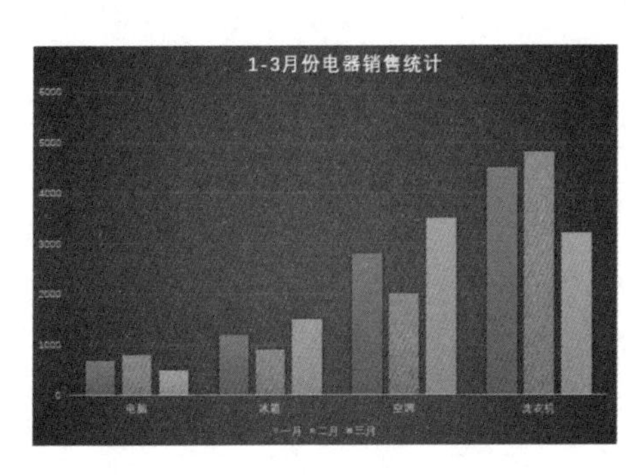


图 6–111

# 第 7 章

# 音频与视频在 PPT 中的妙用

本章导读

## 7.1 在 PPT 中添加音频

打开“售楼处体验式服务 .pptx”演示文稿，讲解在幻灯片中插入与编辑音 | 视频的操作方法。

### 7.1.1　插入本地音频

**操作方法：**

（1）单击幻灯片中所插入的图片作为要插入音频的位置。

（2）选择【插入】菜单选项，单击【媒体】段落中的【音频】按钮，在打开的下拉列表中选择【PC 上的音频】，如图 7–1 所示。

（3）在打开的【插入音频】对话框中选择需插入幻灯片中的音频文件，然后单击【插入】按钮，即可将该音频文件插入幻灯片中。如图 7–2 所示为在图片上插入音频的效果。

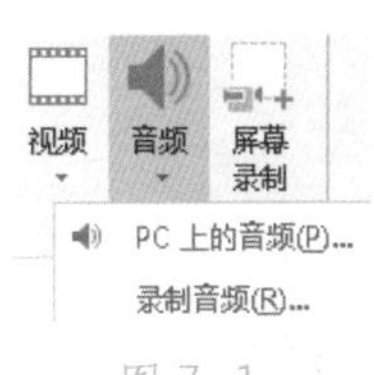


图 7–1

图 7–2

### 7.1.2　插入录制音频

**操作方法：**

（1）单击幻灯片中所插入的图片作为要插入音频的位置。

（2）选择【插入】菜单选项，单击【媒体】段落中的【音频】按钮，在打开的下拉列表中选择【录制音频】，如图 7–3 所示。

图 7–3

（3）在打开的如图 7–4 所示的【录制声音】对话框中，在【名称】输入框输入音频的名称，然后单击【录制】按钮开始录制音频。

（4）录制完毕，单击【确定】按钮即可，如图 7–5 所示。

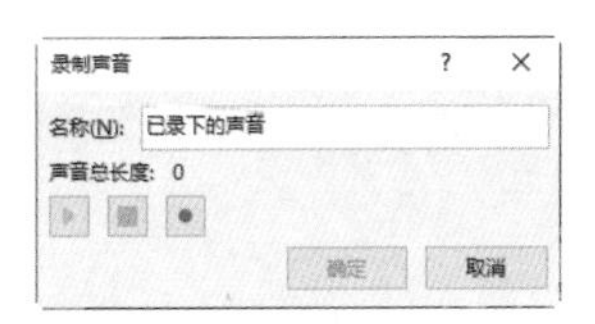


图 7–4

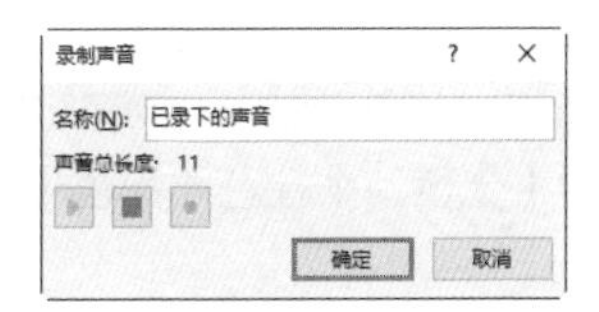


图 7–5

## 7.2 对音频文件进行编辑

### 7.2.1 调整声音图标大小

方法 1：选中声音图标，当光标变为双向箭头形状时，按住鼠标左键直接拖动图标控制点即可粗略调整大小，如图 7–6 所示。

方法 2：选中声音图标，选择【格式】菜单选项，在【大小】段落中的【高度】和【宽度】文本输入框中输入数值可以精确设置声音图标的大小，如图 7–7 所示。

图 7–6

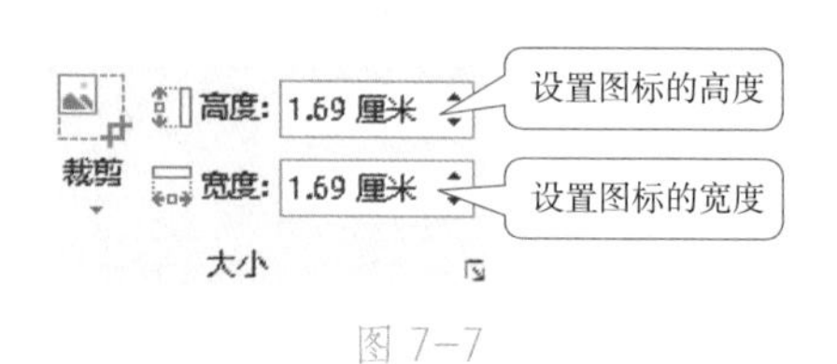


图 7–7

### 7.2.2 调整声音图标位置

选中图标，光标变为十字双向箭头时，使用鼠标左键直接拖动即可调整其位置，如图 7–8 所示。

图 7–8

### 7.2.3 调整声音图标颜色

选中声音图标，选择【格式】菜单选项，单击【调整】段落中的【颜色】按钮，打开如图 7–9 所示的颜色选项面板。

在这里选择相应的颜色选项，就可以更改声音图标的颜色。图 7–10 所示为选择【重新着色】组中的【金色，个性色 4 深色】选项的效果。

图 7-9

图 7-10

### 7.2.4　设置音频文件的播放方式

选中声音图标，选择【播放】菜单选项，单击【音频选项】段落中的【开始】右侧的下拉箭头，在打开的列表中选择【自动】或【单击时】中的一种方式，如图 7-11 所示，来选择在幻灯片播放时音频的播放方式。

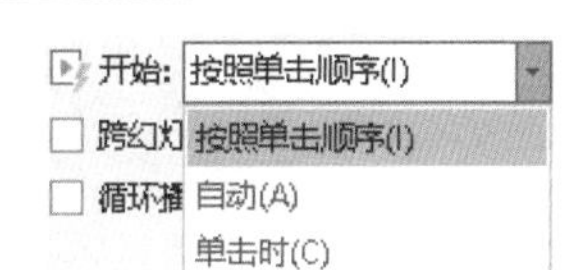


图 7-11

### 7.2.5　设置影片属性

对于插入到幻灯片中的视频，不仅可以调整它们的位置、大小、亮度、对比度、旋转等操作，还可以进行剪裁、设置透明色、重新着色及设置边框线条等，这些操作都与图片的操作相同。

## 7.3 在 PPT 中添加视频

PPT 支持的视频格式有 avi、mpeg、wmv 等。

其他格式的视频需要转化格式才能插入到幻灯片中，如格式工厂。

跟音频文件一样，视频也是演示文稿中常见的一种多媒体元素，常用于宣传类演示文稿中。在 PowerPoint 中主要可以插入 PC 端文件中的视频和来自网站的视频。

### 7.3.1　插入本机视频

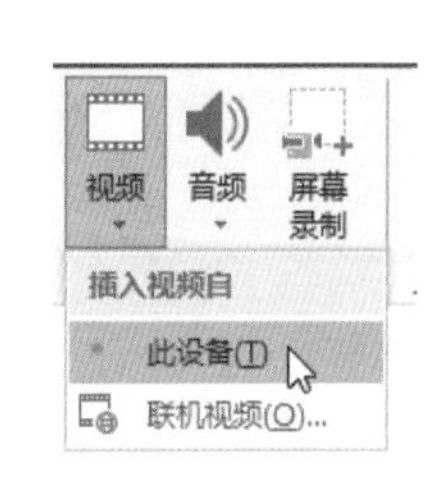


图 7-12

**操作方法**：

（1）选择幻灯片中要插入视频的位置，在【插入】|【媒体】段落中单击【视频】按钮。

（2）在打开的下拉列表中选择【此设备】选项，如图 7-12 所示。在打开的【插入视频文件】对话框中选择要插入的视频文件，单击【插入】按钮即可，如图 7-13 所示。

插入视频后，幻灯片窗口变成如图 7-14 所示的效果。

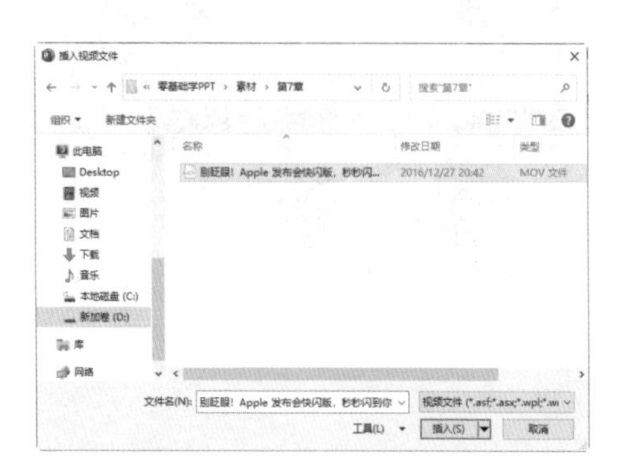


图 7-13

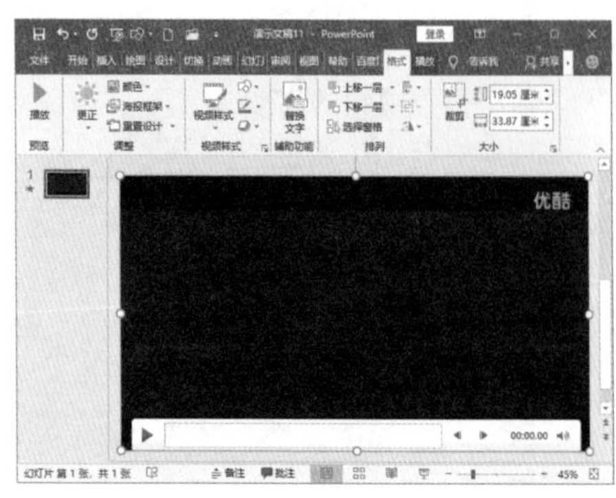


图 7-14

提示：图 7-14 中的视频内容与演示文稿无直接关联，仅作为操作演示使用。

### 7.3.2 插入联机视频

操作方法：

（1）选择幻灯片中要插入视频的位置，在【插入】|【媒体】段落中单击【视频】按钮。

（2）在打开的下拉列表中选择【联机视频】选项，如图 7-15 所示。

（3）在打开的【插入视频文件】对话框中的【输入联机视频的地址】输入框中输入要插入的视频文件所在的网址，单击【插入】按钮即可，如图 7-16 所示。

图 7-15　　图 7-16

### 7.3.3 调整视频大小

调整视频大小的操作方法与调整图片大小的方法一样。

方法 1：当光标变为双向箭头形状时，按住鼠标左键直接拖动控制点即可粗略调整视频大小，如图 7–17 所示。

方法 2：选中视频，选择【格式】菜单选项，在【大小】段落中的【高度】和【宽度】输入文本框中输入相应的数值可以精确设置视频的高度和宽度，如图 7–18 所示。

将视频进行缩小调整，并微调其位置，效果如图 7–19 所示。

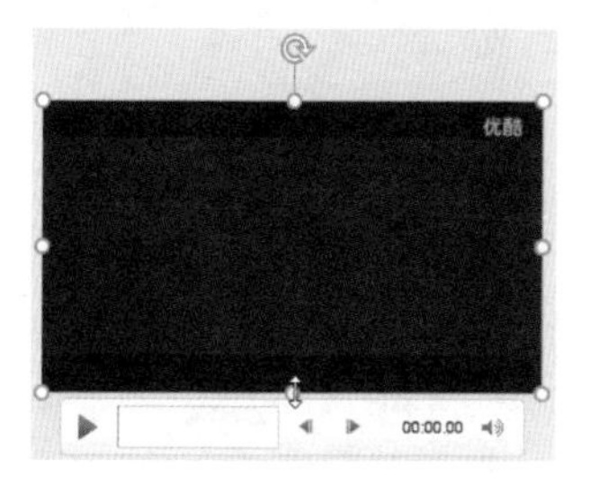

图 7–17

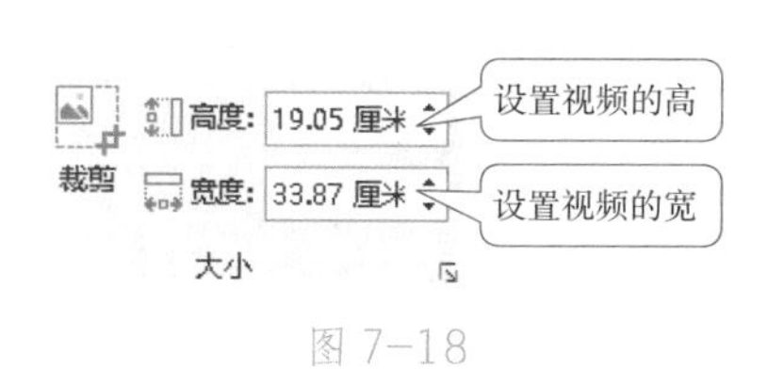


图 7–18

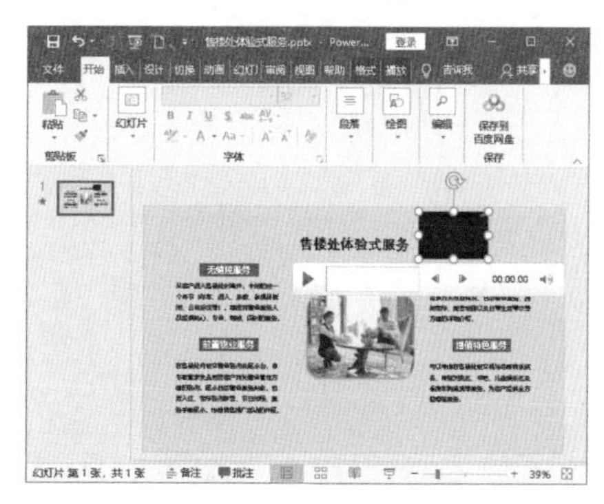

图 7–19

## 7.3.4　应用快速视频样式

操作方法：

（1）选中视频，选择【格式】菜单选项，单击【视频样式】段落中的【其他】按钮 ，展开快速视频样式面板，如图 7–20 所示。

（2）单击选择面板中的选项，即为该选项对应的演示效果。图 7–21 所示是为视频应用【中等】组中【棱台形椭圆，黑色】视频样式，并对其位置做了微调后的效果。

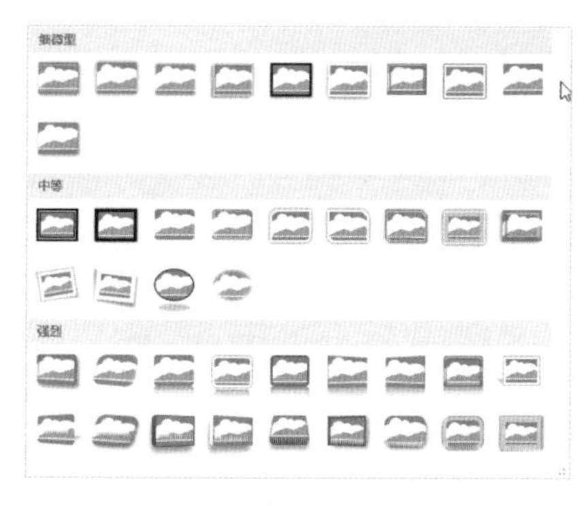


图 7–20

图 7–21

（3）保存并关闭演示文稿。

# 第 8 章

# 人人都爱看动画

本章导读

# 8.1 添加动画

在 PowerPoint 中，可对文本、图片、形状、表格、SmartArt 图形及 PowerPoint 演示文稿中的其他对象进行动画处理。动画效果可使对象出现、消失或移动。可以更改对象的大小或颜色。

打开“工作计划 .pptx”演示文稿，接下来讲解如何设置幻灯片动画效果。

## 8.1.1 了解动画的概念

首先了解一下几个关于动画的概念：

- 进入：反映文本或其他对象在幻灯片放映时进入放映界面的动画效果。
- 退出：反映文本或其他对象在幻灯片放映时退出放映界面的动画效果。
- 强调：反映文本或其他对象在幻灯片放映过程中需要强调的动画效果。
- 动作路径：指定某个对象在幻灯片放映过程中的运动轨迹。

## 8.1.2 添加单一动画

为对象添加单一动画效果是指为某个对象或多个对象快速添加进入、退出、强调或动作路径动画。

在幻灯片编辑区中选择要设置动画的对象，然后在【动画】|【动画】段落中单击右下角【其他】按钮，在打开的下拉列表框中选择某一类型动画下的动画选项即可，如图 8-1 所示。

为幻灯片对象添加动画效果后，系统将自动在幻灯片编辑窗口中对设置了动画效果的对象进行预览放映，且该对象旁会出现数字标识，数字顺序代表播放动画的顺序。

在打开的“工作计划 .pptx”演示文稿中，切换至第二页幻灯片中，为“年度工作内容概述”所在文本框添加【飞入】动画后，效果如图 8-2 所示。

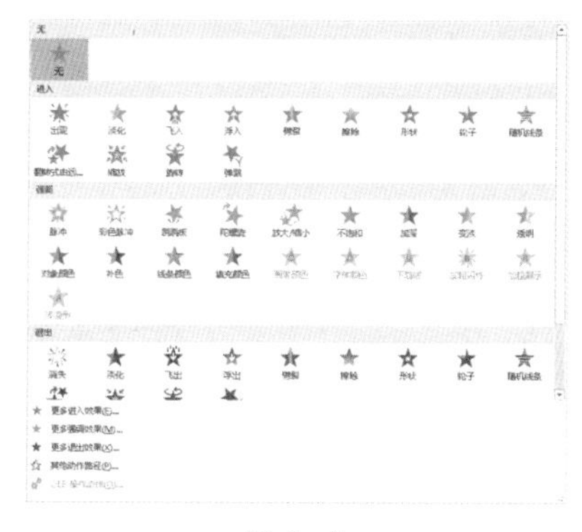

图 8-1

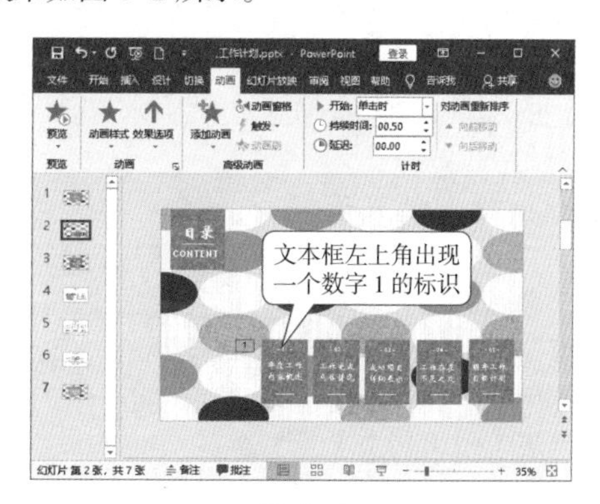



图 8-2

### 8.1.3 添加组合动画

组合动画是指为同一个对象同时添加进入、退出、强调和动作路径动画四种类型中的任意动画组合，如同时添加进入和退出动画等。

**操作方法:**

（1）选择需要添加组合动画效果的幻灯片对象，在这里单击切换到第三页幻灯片，选中“年度工作内容概述”所在文本框。然后在【动画】|【高级动画】段落中单击【添加动画】按钮，打开如图 8-3 所示下拉列表。

（2）在打开的下拉列表中选择【进入】组中的【翻转式由远及近】动画；再次打开该下拉列表，选择【强调】组中的【脉冲】动画。添加组合动画后，该对象的左上角将同时出现多个数字标识，如图 8-4 所示。

图 8-3

图 8-4

## 8.2 设置动画效果

为幻灯片中的对象添加动画效果后，还可以通过【动画】菜单选项卡中的【动画】、【高级动画】、【计时】段落，对添加的动画效果进行设置，使这些动画效果在播放时更具条理性，如设置动画播放参数、调整动画的播放顺序和删除动画等。

以设置【飞入】动画效果为例，讲解如何设置动画效果。

### 8.2.1 飞入效果设置

单击切换到第二页幻灯片，选中“工作完成具体情况”文本对象，选择【动画】菜单选项，单击【动画】段落中的【其他】按钮，在打开的下拉列表框中选择【进入】组中的【飞入】动画，如图 8-5 所示。

图 8-5

### 8.2.2 飞入方向设置

单击选中“工作完成具体情况”文本对象前的动画数字标识，单击【动画】段落中的【动画】段落中的【效果选项】按钮，打开如图 8-6 所示下拉列表，单击选择一种动画进入方向即可。在这里单击选择【自顶部】选项。

### 8.2.3 设置动画持续时间

单击选中“工作完成具体情况”文本对象前的动画数字标识，在【动画】菜单选项的【计时】段落中的【持续时间】输入框中输入相应的时长数值，即可为该动画指定相应的持续时间，如图 8-7 所示。

图 8-6　　图 8-7

### 8.2.4 设置对象的其他进入效果

在【更多进入效果】对话框中，可以为选中对象应用更多类型的动画效果。

**操作方法**：

（1）单击选中要应用动画效果的对象，选择【动画】菜单选项，单击【动画】段落中的【其他】按钮，在弹出的下拉列表中单击【更改进入效果】，打开如图 8-8 所示的【更改进入效果】对话框。

（2）单击选择对话框列表框中的动画效果，然后单击【确定】按钮，就可以为选中对象应用该动画效果。

图 8-8

## 8.3 设置入场动画的声音

可以为入场动画设定声音。

**操作方法**：

（1）单击选中动画对象的数字标识，选择【动画】菜单选项，单击【高级动画】段落中的【动画窗格】按钮，打开【动画窗格】任务窗格，如图 8-9 所示。

图 8-9

（2）单击要设置声音的动画效果，比如选择动画 1，然后单击所选效果右侧的向下三角按钮，在弹出菜单中选择【效果选项】命令，打开【飞入】（所选动画对应的名称）对话框，如图 8-10 所示。

（3）单击【效果】菜单选项卡的【声音】选项右侧的下拉按钮，在打开的下拉列表中选择一种声音，如图 8-11 所示。在这里选择【打字机】，然后单击【确定】按钮，就为动画的入场添加了【打字机】声音。

图 8-10

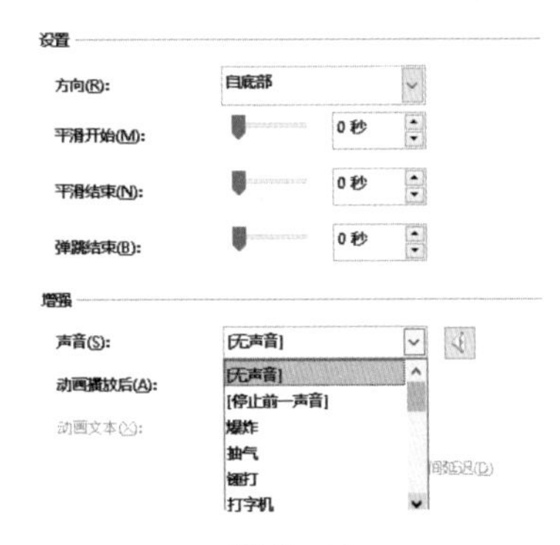


图 8-11

## 8.4 控制动画的开始方式

### 8.4.1 设置动画的开始方式

操作方法：

（1）为对象设置好入场动画。

（2）单击选中动画效果，选择【动画】菜单选项，在【计时】段落中，单击【开始】右侧的下拉按钮，在弹出的下拉列表中选择一种开始方式：【单击时】、【与上一动画同时】或【上一动画之后】，如图 8-12 所示。

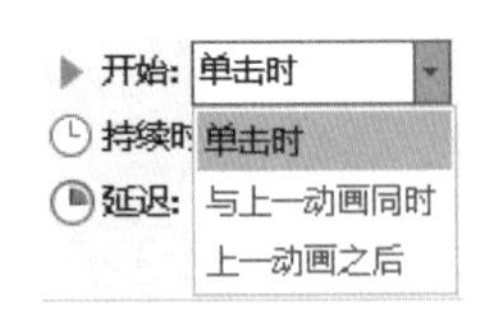


图 8-12

· 单击时：单击鼠标后开始动画。

· 与上一动画同时：与上一个动画同时呈现。

· 上一动画之后：上一个动画出现后自动呈现。

### 8.4.2　对动画重新排序

操作方法：

（1）为对象设置好入场动画。

（2）单击选中动画效果，选择【动画】菜单选项，在【计时】段落中，单击【对动画重新排序】下面的【向前移动】或【向后移动】，对动画效果重新排序，如图 8–13 所示。

对动画重新排序
▲ 向前移动
▼ 向后移动

图 8–13

## 8.5　删除动画

单击选中设置动画的对象，然后选择【动画】菜单选项，单击【高级动画】段落中的【动画窗格】按钮，打开【动画窗格】任务窗格，在这里列出了演示文稿中所有幻灯片的动画效果，如图 8–14 所示。

单击要删除的效果，然后单击所选效果右侧的向下三角按钮，在弹出菜单中选择【删除】命令，单击要删除的效果，然后单击所选效果右侧的向下三角按钮，在弹出菜单中选择【删除】命令，如图 8–15 所示，就将动画对象删除掉了。

图 8–14

图 8–15

## 8.6　设置幻灯片切换动画效果

设置幻灯片切换动画即设置当前幻灯片与下一张幻灯片的过渡动画效果，切换动画可使幻灯片之间的衔接更加自然、生动。

### 8.6.1　设置切换方式

单击选中幻灯片，在这里单击选中第一页幻灯片，选择【切换】菜单选项，单击【切换到此幻灯片】段落右下角的【其他】按钮，展开切换效果面板，如图 8–16 所示。

在这里单击【华丽】组中的【页面卷曲】，为第一页幻灯片设置【页面卷曲】切换。

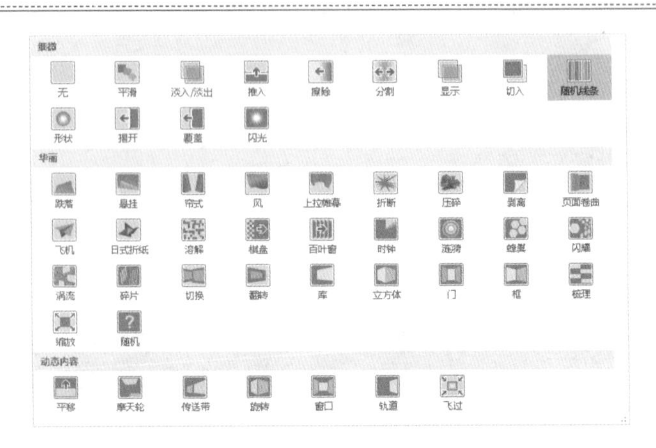


图 8-16

### 8.6.2 设置切换音效及换片方式

#### 1. 设置切换音效

操作方法：

单击选中幻灯片，在这里单击选中第一页幻灯片，选择【切换】菜单选项，在【计时】段落中单击【声音】选项右侧下拉按钮，在弹出的下拉列表中选择一种声音，如图 8-17 所示。在这里选择【照相机】声音。

在【持续时间】后面的文本输入框中可以指定音效的持续时间。

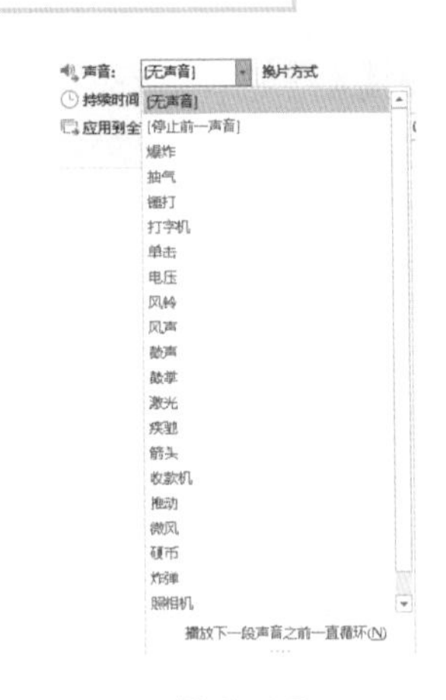


图 8-17

#### 2. 设置换片方式

操作方法：

单击选中幻灯片，在这里单击选中第一页幻灯片，选择【切换】菜单选项，在【计时】段落中的【换片方式】选项下选中【单击鼠标时】，在【设置自动换片时间】选项中设置换片持续时长为“3 秒”，如图 8-18 所示。

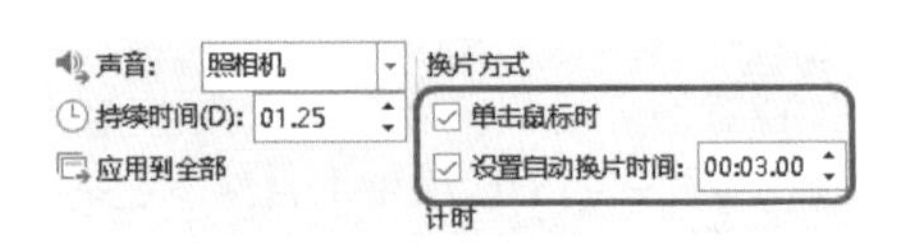


图 8-18

## 8.7 添加动作按钮

在 PPT 中，动作按钮的作用是，当点击或鼠标指向这个按钮时产生某种效果，例如链接到某一张幻灯片、某个网站、某个文件，播放某种音效，运行某个程序等。

操作方法：

（1）选择要添加动作按钮的幻灯片，在这里单击选择第二页幻灯片。

（2）在【插入】|【插图】段落中单击【形状】按钮，在打开的下拉列表中的底部的【动作按钮】栏中选择要绘制的动作按钮，在这里选择【动作按钮：后退或前进一页】。

（3）将光标移至幻灯片编辑区右下角，按住鼠标左键不放并向右下角拖动绘制一个动作按钮，此时将自动打开【操作设置】对话框，如图 8-19 所示。根据需要单击【单击鼠标】或【鼠标悬停】菜单选项卡，在其中可以设置单击鼠标或悬停鼠标时要执行的操作，如链接到其他幻灯片或演示文稿、运行程序等。

图 8-19

## 8.8 制作 PPT 动画

PowerPoint 中的动画制作既简单又复杂。因为 PowerPoint 中的动画是系统已经设置好的，所以只要在对象上添加动画，幻灯片放映时就会动起来。如果将动画设置组合得好的话，幻灯片放映时会增色不少，甚至完全出现电影一般的效果。

本节中的例子多是单张幻灯片而不是完整的演示文稿，重点在于讲解如何组合动画来实现比较好看的效果。

### 8.8.1 翻页效果

操作方法：

（1）新建空白演示文稿，然后执行【开始】|【幻灯片】|【版式】命令，在弹出的【Office 主题】窗口中单击【空白】主题，如图 8-20 所示，将演示文稿设置为空白演示文稿。

（2）选择【插入】菜单选项卡，单击【插图】段落里的【形状】按钮，插入一个高为 8cm、宽为 6cm 的矩形，颜色填充为橙色。然后按住 Ctrl 键拖动该矩形，在右边并排复制一个与它一样的矩形，如图 8-21 所示。

（3）执行【插入】|【插图】|【形状】，在打开的窗口中单击【矩形：剪去单角】的矩形图标，在幻灯片中插入高为 8cm、宽为 6cm 的折角矩形，覆盖在右侧的矩形位置，颜色填充为橙色。选中折角矩形，单击右键，在弹出的菜单

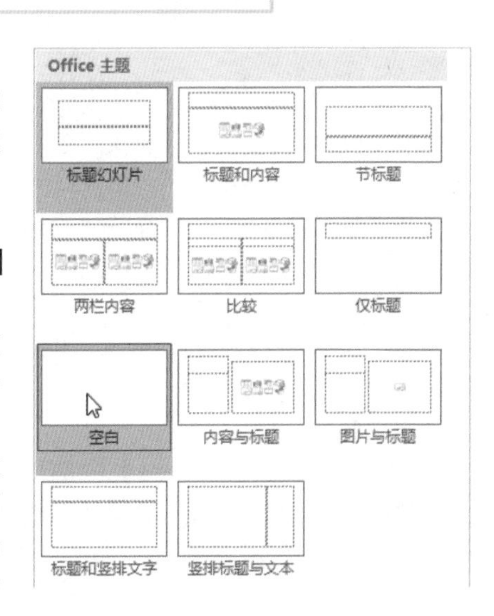


图 8-20

中选择【编辑文字】，输入文字，并将字体颜色设置为白色，如图 8-22 所示。

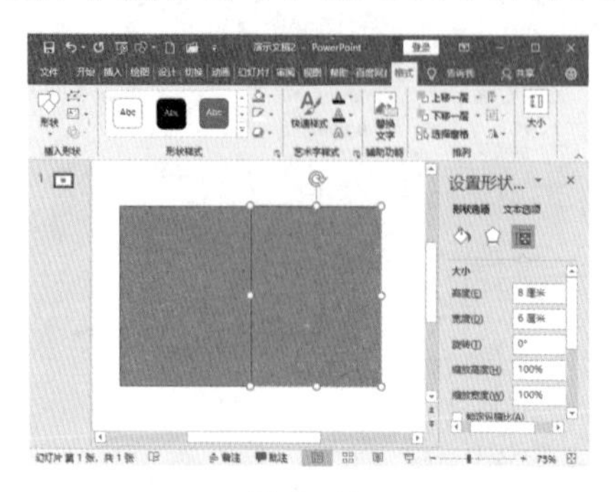

图 8-21

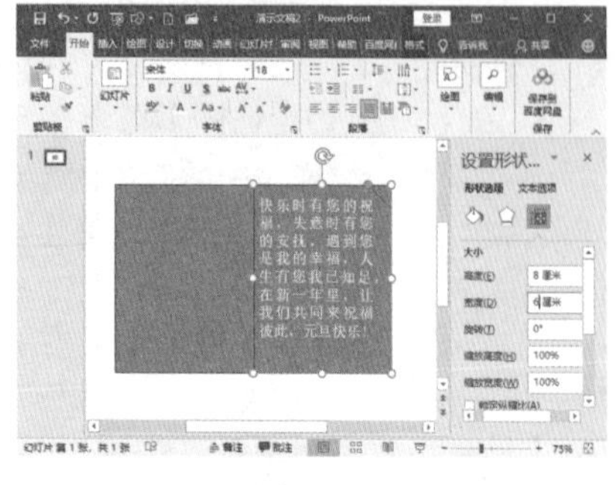

图 8-22

（4）单击选择左边的矩形，然后右击该矩形，在弹出的右键菜单中选择【设置形状格式】命令，在弹出的【设置形状格式】任务窗格中将其【填充】设为【无填充】、【线条】设置为【无线条】，如图 8-23 所示。

（5）按住 Ctrl 键，选中左边的无填充、无线条的矩形和右边的折角矩形，单击右键，在弹出的菜单中选择【组合】|【组合】命令，如图 8-24 所示。

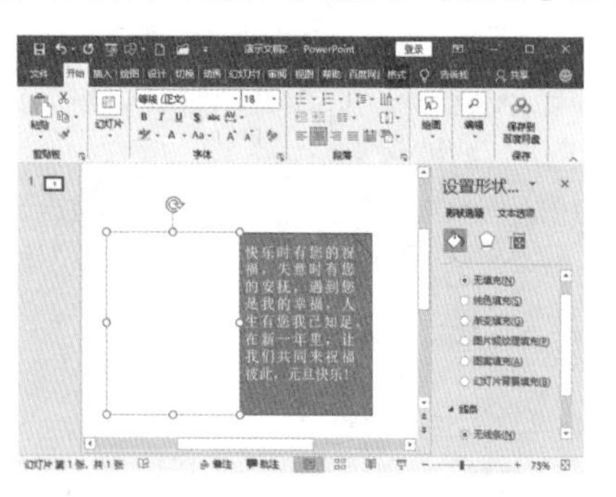

图 8-23

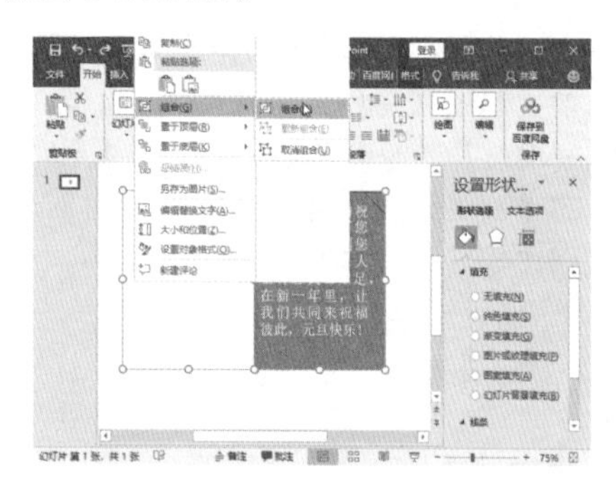

图 8-24

（6）选中刚才的组合对象，单击【动画】菜单选项卡的【高级动画】段落中的【添加动画】按钮，在打开的窗口中单击【更多退出效果】命令，如图 8-25 所示。

（7）在打开的【添加退出效果】对话框中选择【华丽】下面的【基本旋转】效果，如图 8-26 所示，然后单击【确定】按钮；再次打开【添加退出效果】对话框，然后单击【细微】下的【淡化】效果，如图 8-27 所示。最后单击【确定】按钮关闭对话框。

（8）单击【高级动画】段落中的【动画窗格】按钮 动画窗格，打开【动画窗格】任务窗格。单击选择动画 1 下拉菜单中的【效果选项】命令，如图 8-28 所示。

图 8-25

图 8-26

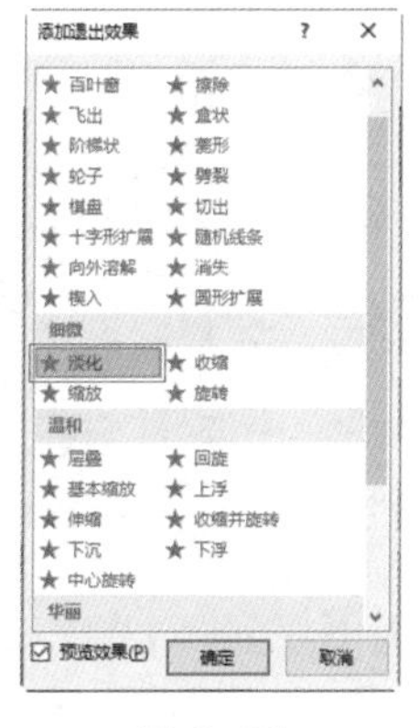

图 8-27

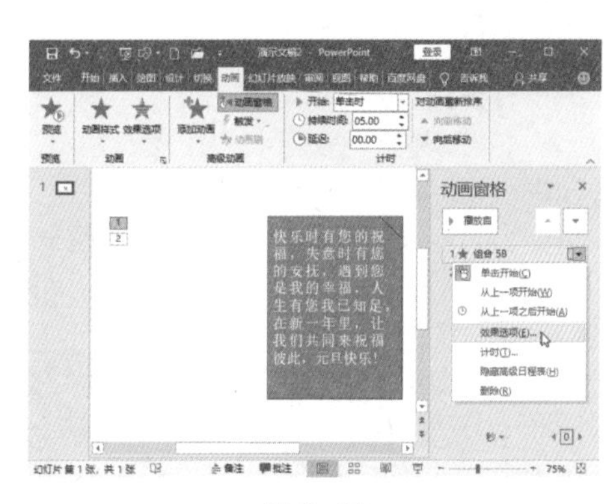

图 8-28

（9）在打开的【基本旋转】对话框中，将【效果】选项卡中的【方向】设置为【水平】，如图 8-29 所示；将【计时】选项卡中的【开始】设置为【上一动画之后】、【期间】设置为【5 秒】，如图 8-30 所示。最后单击【确定】按钮。在【动画窗格】任务窗格中该动画变为 0，动画 2 变为了动画 1。

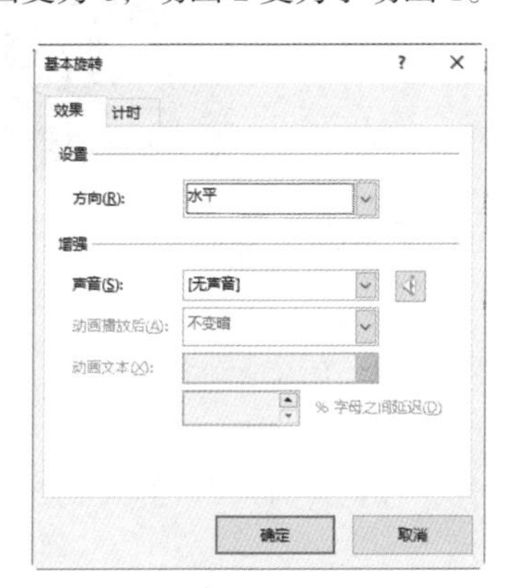

图 8-29

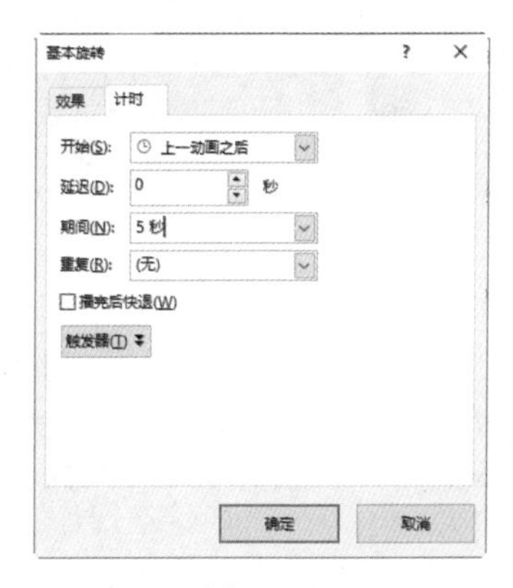

图 8-30

（10）单击动画 1 下拉菜单中的【效果选项】命令，在的弹出【淡化】对话框中，将【计时】选项卡标签中的【开始】设置为【上一动画之后】、【延迟】设置为 1 秒、【期间】设置为【2 秒】，如图 8-31 所示。最后单击【确定】按钮。

（11）单击【动画】菜单选项卡的【预览】段落中的【预览】按钮预览动画效果，若觉得图片翻页效果不理想，可调节【延迟】时间和【期间】的时长至满意为止。

（12）将动画保存为“翻页效果 .pptx”。

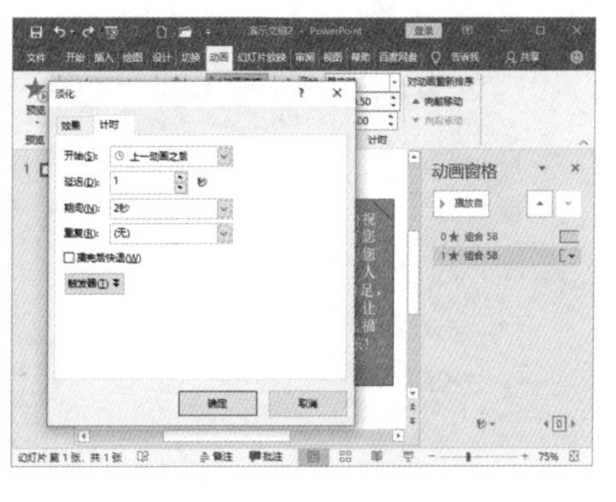

图 8-31

## 8.8.2 图片连续滚动效果

操作方法：

（1）新建空白演示文稿，然后执行【开始】|【幻灯片】|【版式】命令，在弹出的【Office 主题】窗口中单击【空白】主题，将演示文稿设置为空白演示文稿。

（2）执行【插入】|【插图】|【图片】|【联机图片】命令，插入四张图片，删除相应的文本。然后右击其中任意一张图片，在弹出菜单中选择【设置图片格式】命令，打开【设置图片格式】任务窗格，切换到【大小】选项卡中，将图片设置为同样大小：高 6cm、宽 8cm，如图 8-32 所示。

（3）关闭【设置图片格式】任务窗格，将图片重叠放置于幻灯片右上角，如图 8-33 所示。

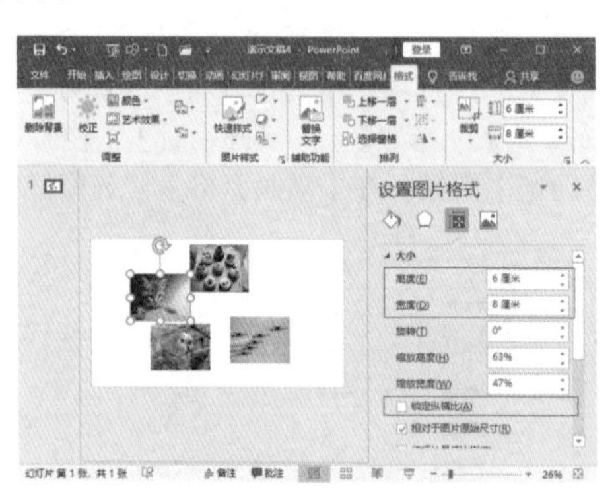

图 8-32

图 8-33

（4）选中最上面的图片，执行【动画】|【高级动画】|【添加动画】命令，在打开的窗口中选择【其他动作路径】命令。

（5）在弹出的【添加动作路径】对话框中，选择【直线和曲线】下的【向左】，然后单击【确定】按钮，如图 8-34 所示。

（6）拖动路径终点（红色箭头）至幻灯片左边界外，如图 8-35 所示。

图 8-34

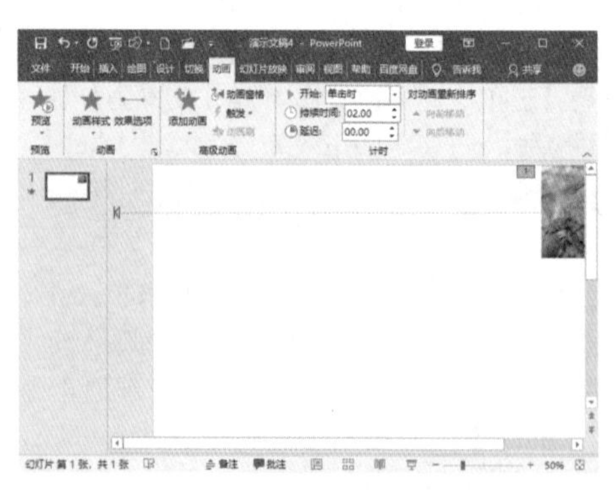

图 8-35

（7）继续选中最上面的图片也就是第一张图片，执行【动画】|【高级动画】|【动画刷】命令。右击第一张图片，在弹出的菜单中选择【置于底层】|【置于底层】命令，如图 8-36 所示。

（8）此时第二层的图片显露出来，这时鼠标光标变为刷子形状，单击第二张图片，第二张图片也同样设置了向左的动作路径。

注：【动画刷】可将一个对象的动画复制并应用到另一指定对象上。

（9）在第三、四张图片上重复步骤（7）和步骤（8），将四张图片都应用了同样的动作路径，如图 8-37 所示。

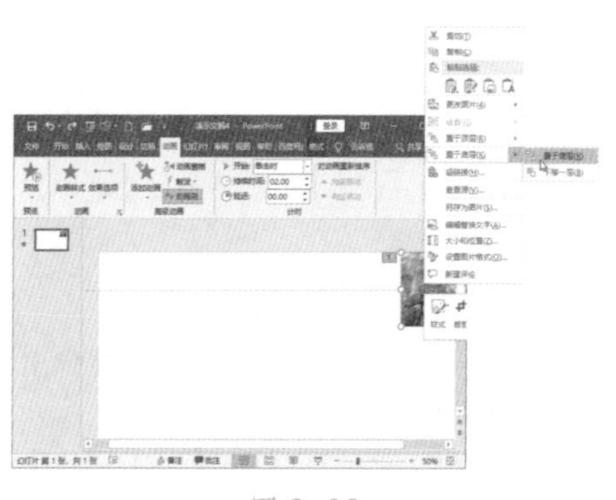

图 8-36

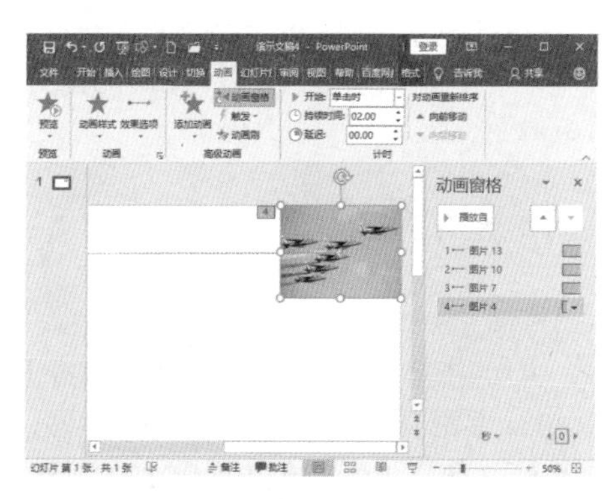

图 8-37

（10）执行【动画】|【高级动画】|【动画窗格】命令，在打开的【动画窗格】任务窗格中，双击第一个动画，在弹出的【向左】对话框中选择【效果】选项卡标签，将【路径】设为【锁定】，【平滑开始】、【平滑结束】、【弹跳结束】都设置为 0 秒，如图 8-38 所示，然后单击【确定】按钮。对余下的三个动画进行相同处理。

（11）在【向左】对话框中的【计时】选项卡标签中，将【开始】设置为【与上一动画同时】，【期间】设为【2 秒】，【重复】设为【直到幻灯片末尾】，如图 8-39 所示。

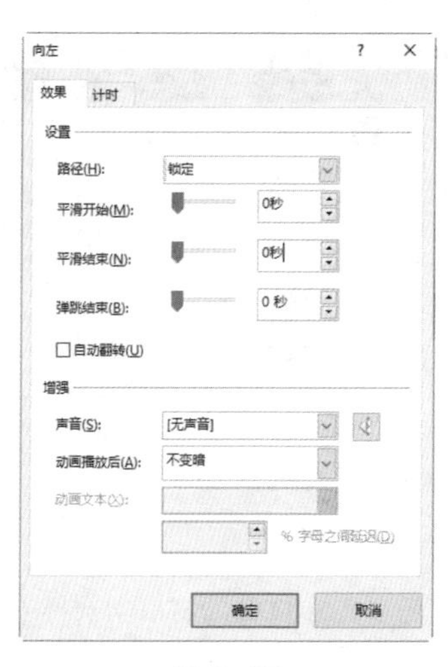


图 8-38

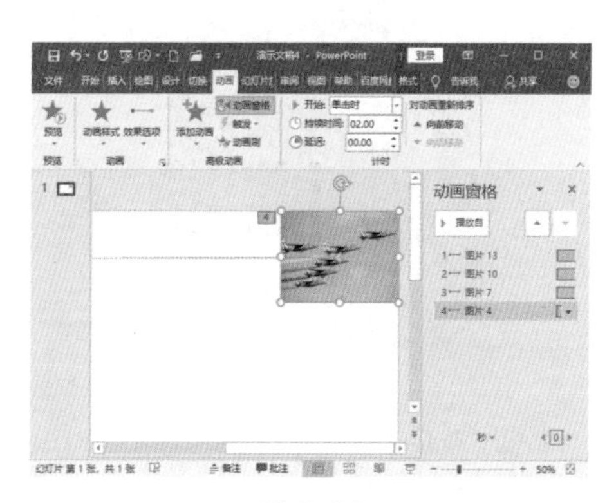

图 8-39

延迟时间依次增加，第一个动画延迟为0秒，第二个动画延迟为0.5秒，第三个动画延迟为1秒，第四个动画延迟为1.5秒。完成后【动画窗格】任务窗格显示效果如图8-40所示。

（12）单击【动画】菜单选项卡的【预览】段落中的【预览】按钮★预览动画效果，若觉得图片翻页效果不理想，可调节【延迟】时间和【期间】的时长至满意为止。

（13）将动画保存为“图片连续滚动.pptx”。

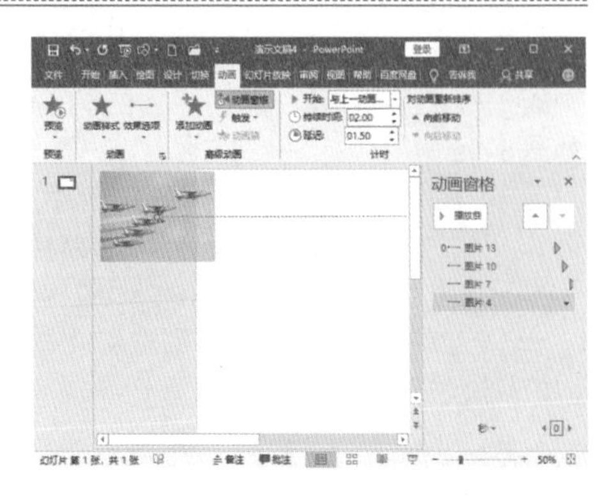

图 8-40

## 8.8.3 放烟花效果

操作方法：

（1）新建空白演示文稿，然后执行【开始】|【幻灯片】|【版式】命令，在弹出的【Office主题】窗口中单击【空白】主题，将演示文稿设置为空白演示文稿。

（2）执行【插入】|【插图】|【形状】命令，在打开的窗口中单击【基本形状】下的【椭圆】形状图标，然后在幻灯编辑区片中按住Shift键、拖动鼠标，画出一个正圆。

（3）右击椭圆，在弹出的菜单中选择【设置形状格式】命令，打开【设置形状格式】任务窗格。在【形状】选项卡中，设置【填充】为【纯色填充】、颜色为【红色】、【线条】为【无线条】，如图8-41所示。切换到【大小】选项卡中，设置宽、高为5厘米，如图8-42所示。

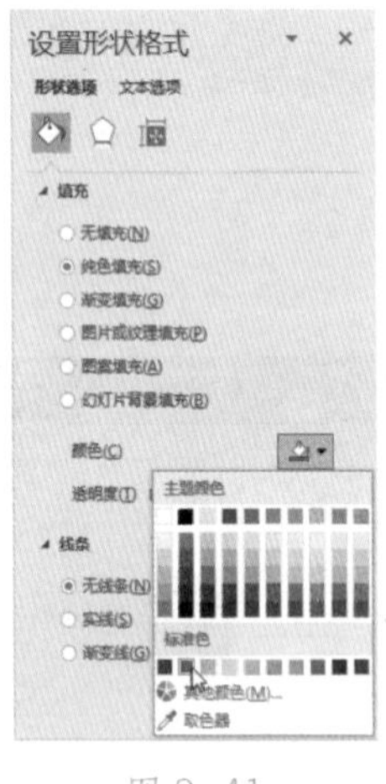


图 8-41

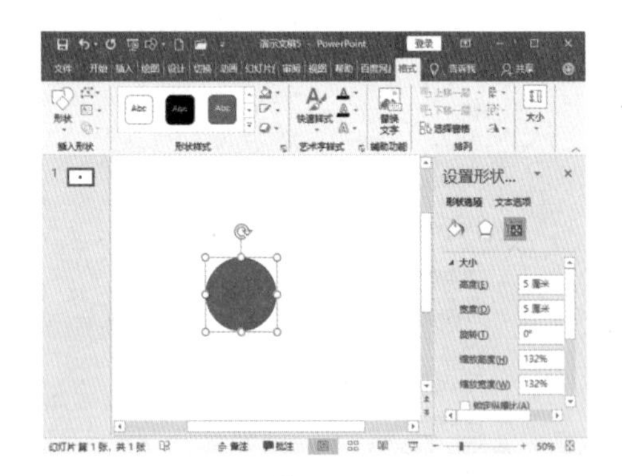


图 8-42

（4）执行【动画】|【高级动画】|【添加动画】命令，在打开的窗口中选择【进入】下的【出现】，如图8-43所示。

（5）执行【动画】|【高级动画】|【动画窗格】命令，在打开的【动画窗格】任务窗格中，双击椭圆动画图标，在弹出的【出现】对话框中选择【计时】选项卡标签，将【开始】选项设置为【上一动画之后】，如图 8-44 所示，然后单击【确定】按钮。

图 8-43

图 8-44

（6）执行【动画】|【高级动画】|【添加动画】命令，在打开的窗口中选择【强调】下的【放大 / 缩小】，如图 8-45 所示。

（7）在打开的【动画窗格】任务窗格中双击第二个椭圆动画图标，弹出【放大 / 缩小】对话框，在【效果】选项卡标签中将【设置】下的【尺寸】设置为 500%，如图 8-46 所示；在【计时】选项卡标签中，将【开始】选项设置为【与上一动画同时】，如图 8-47 所示。单击【确定】按钮关闭对话框。

（8）执行【动画】|【高级动画】|【添加动画】命令，在打开的窗口中选择【退出】下的【浮出】，如图 8-48 所示。

图 8-45

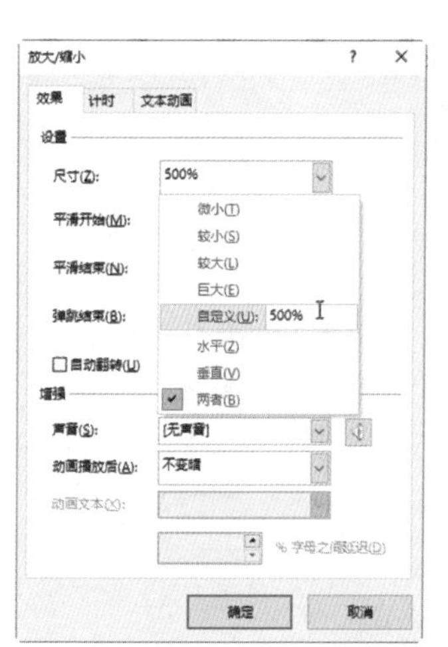


图 8-46

图 8-47

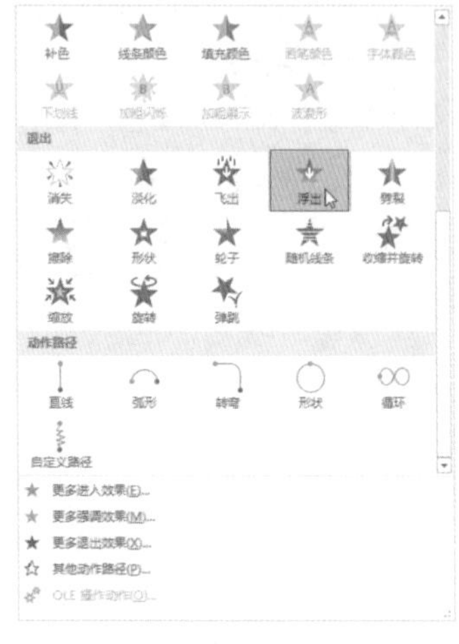


图 8-48

（9）在打开的【动画窗格】任务窗格中双击第三个椭圆动画图标，弹出【下浮】对话框，将【计时】选项卡标签中的【开始】选项设置为【与上一动画同时】，如图 8-49 所示。单击【确定】按钮关闭对话框。

（10）复制粘贴出多个圆形，设置为不同颜色，不同大小，随心摆放，做出烟花同时绽放的效果，如图 8-50 所示。

图 8-49

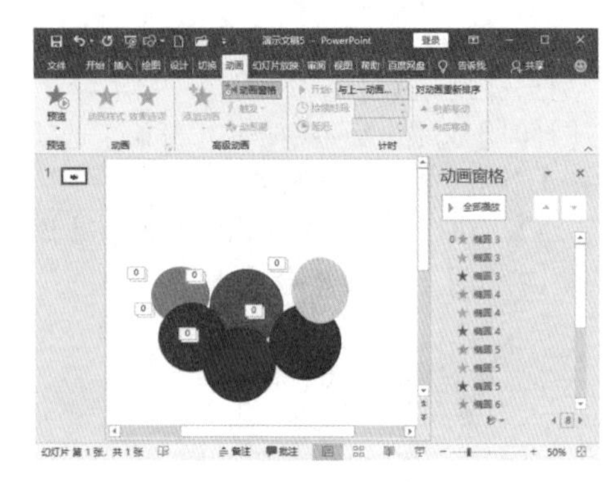


图 8-50

通过鼠标拖动改变各个圆形动画的出现时间，可做出烟花相继绽放的效果。

（11）单击【动画】菜单选项卡的【预览】段落中的【预览】按钮预览动画效果，若觉得图片翻页效果不理想，可调节【延迟】时间和【期间】的时长至满意为止。

（12）将动画保存为“放烟花 .pptx”。

## 8.8.4 卷轴效果

**操作方法：**

（1）新建空白演示文稿，然后执行【开始】|【幻灯片】|【版式】命令，在弹出的【Office

主题】窗口中单击【空白】主题，将演示文稿设置为空白演示文稿。

（2）单击选中【视图】菜单选项卡的【显示】段落的【网格线】和【参考线】复选项。然后单击【显示】段落的【网络设置】按钮，在打开的对话框中，把所有复选项都选中，如图 8-51 所示，再单击【确定】按钮。

（3）这时幻灯片编辑区会出现很多的网格，中间有一条竖中心线和一条横中心线，如图 8-52 所示，利用这些网格便于为编辑对象定位。

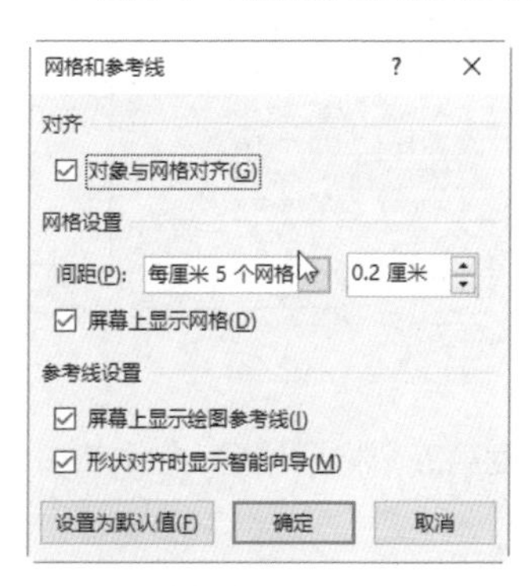


图 8-51

图 8-52

（4）使用【插入】|【插图】|【形状】命令，在幻灯片中插入自选图形：一个矩形、两个小圆形，矩形使用胡桃纹理填充，线条设置为【无线条】；圆形填充色为黑色，线条设置为【无线条】。层叠方式是矩形在上方，圆形在下方，圆形被矩形挡住一半，如图 8-53 所示。

（5）按住 Ctrl 键，使用鼠标依次单击选中这三个形状。在形状边框上单击右键，在弹出的快捷菜单中选择【组合】|【组合】命令，将三个形状组合成一个卷轴对象。

（6）选中卷轴对象，按住 Ctrl 键拖动该对象，复制出一份一模一样的卷轴，与它并排放置，效果如图 8-54 所示。

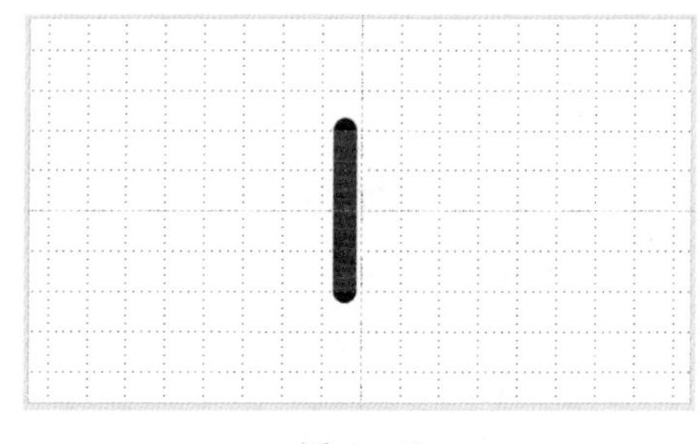

图 8-53

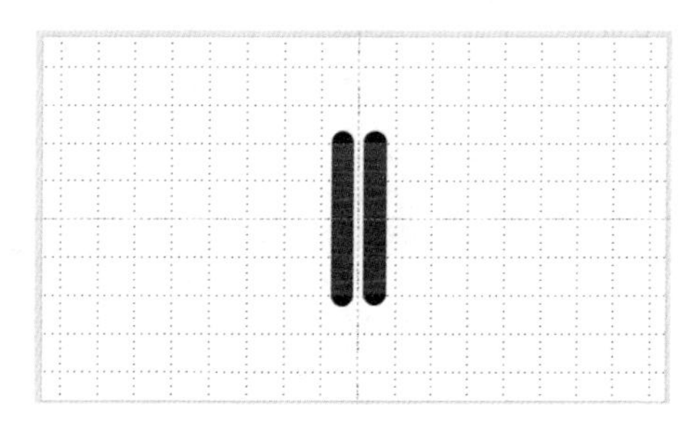

图 8-54

（7）选中左侧的卷轴对象，然后选择【动画】菜单选项卡，单击【高级动画】段落中的【添加动画】按钮，在弹出的窗口中选择【其他动作路径】命令，如图 8-55 所示。

（8）在打开的【添加动作路径】对话框中，单击【直线和曲线】下的【向左】，如图 8-56 所示，然后单击【确定】按钮。

（9）单击幻灯片编辑区的路径，把鼠标移至路径终端（红色箭头处），如图 8-57 所示。

图 8-55

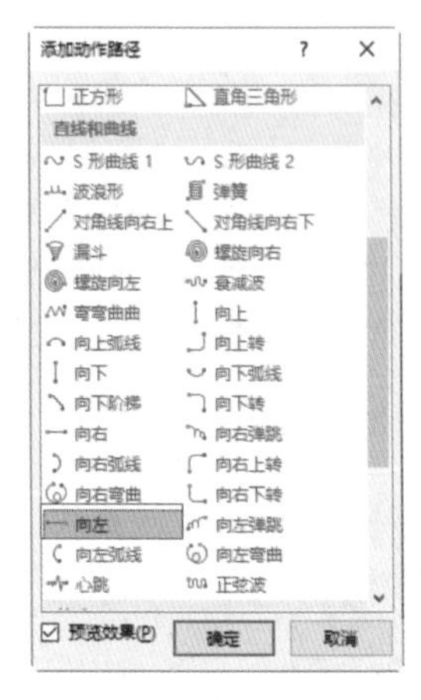

图 8-56

当光标变为双向箭头时，把红色箭头拖至中心线左侧第五个格子位置，如图 8-58 所示。

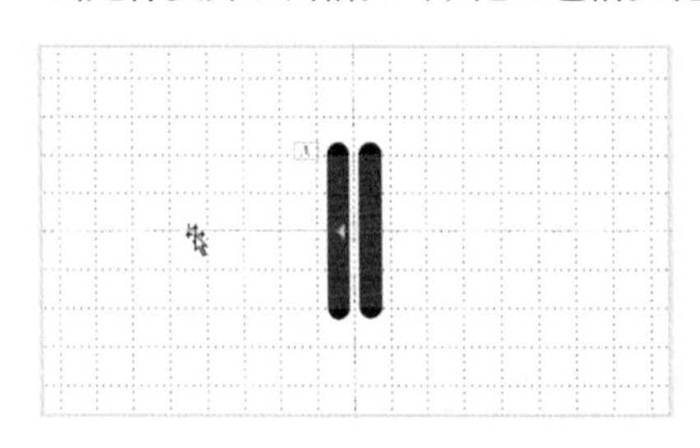
图 8-57

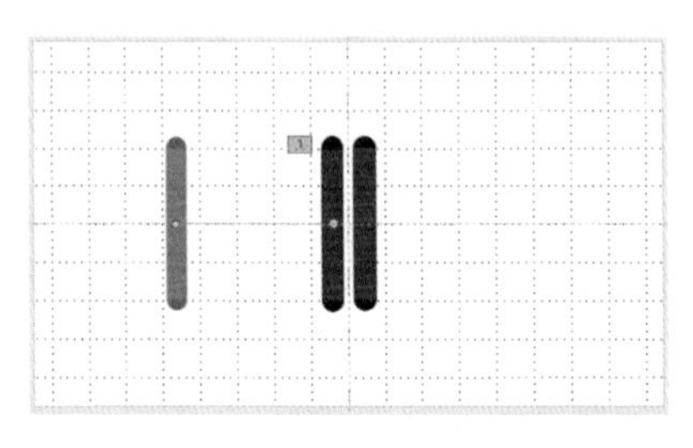
图 8-58

（10）双击路径线条，在弹出的【向左】动作属性对话框中，在【效果】菜单选项卡标签中将【路径】设为【解除锁定】、【平滑开始】和【平稳结束】都设置为【0 秒】，如图 8-59 所示；将【计时】菜单选项卡标签的【开始】设置为【与上一动画同时】、【期间】设置为【非常慢（5 秒）】，如图 8-60 所示。单击【确定】按钮关闭对话框。

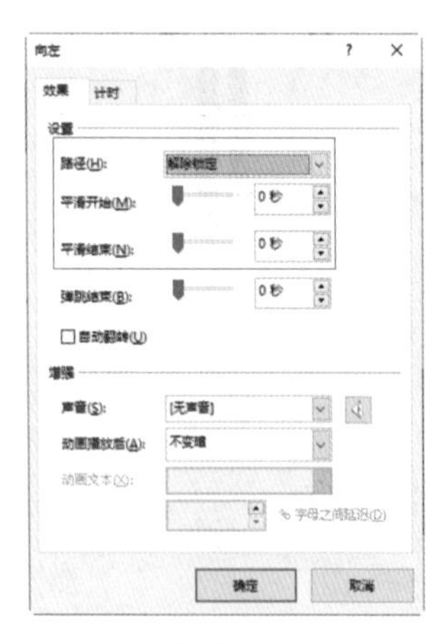

图 8-59

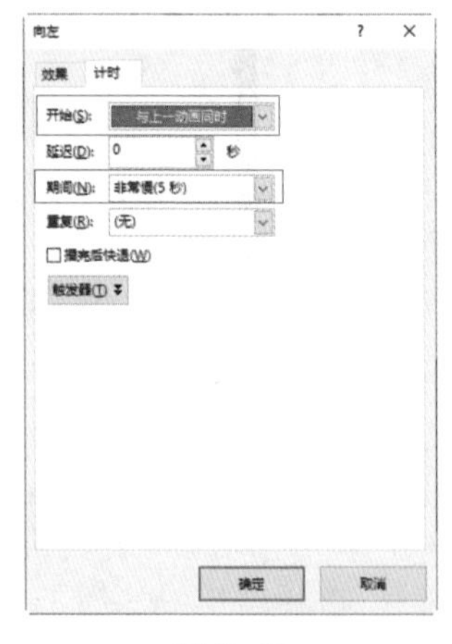

图 8-60

（11）将右侧的卷轴对象动作路径设置为【向右】，其他设置都与左侧卷轴对象相同。此时的幻灯片编辑区如图 8-61 所示。

（12）使用【图像】|【图片】|【联机图片】命令插入一幅鸟的图片，然后切换到【动画】菜单选项卡中，通过图片周围的控制点或剪切的方式把图片变为合适大小，使图片上下的高度不超过卷轴的高度，使图片的宽度与两条路径的终端（红色箭头）平齐。

（13）右击图片，在弹出菜单中选择【置于底层】|【置于底层】命令，使新插入的图片位于卷轴下方，如图 8-62 所示。

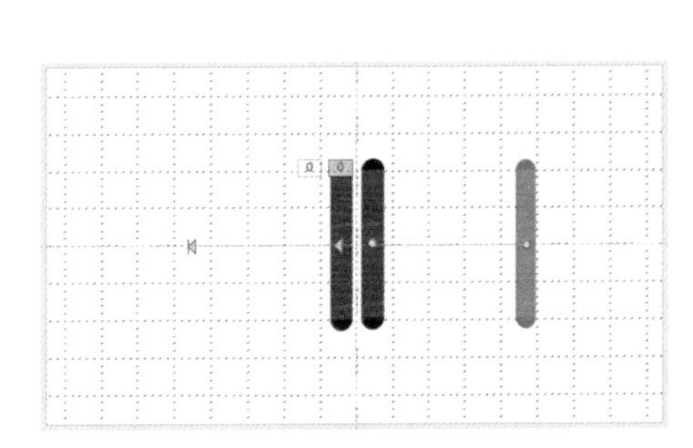

图 8-61

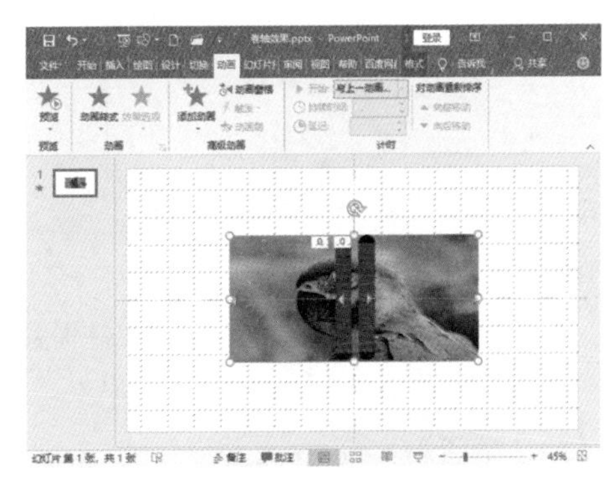

图 8-62

（14）单击选中图片，执行【动画】|【高级动画】|【添加动画】命令，在打开的窗口中选择【进入】下的【劈裂】动画，如图 8-63 所示。

（15）单击选中图片，然后单击【效果选项】右下角的【显示其他效果选项】按钮 ，如图 8-64 所示。

图 8-63

图 8-64

（16）在打开的【劈裂】对话框中，将【效果】菜单选项卡标签中的【方向】设置为【中央向左右展开】，如图 8-65 所示；将【计时】菜单选项卡标签中的【开始】设置为【与上一动画同时】，期间设置为【5.2 秒】（劈裂的时间稍长，避免图已展开而卷轴还未运动到位，这个时间可以根据具体图片大小和卷轴大小及运动时间来设置），如图 8-66 所示。

单击【确定】按钮关闭对话框。

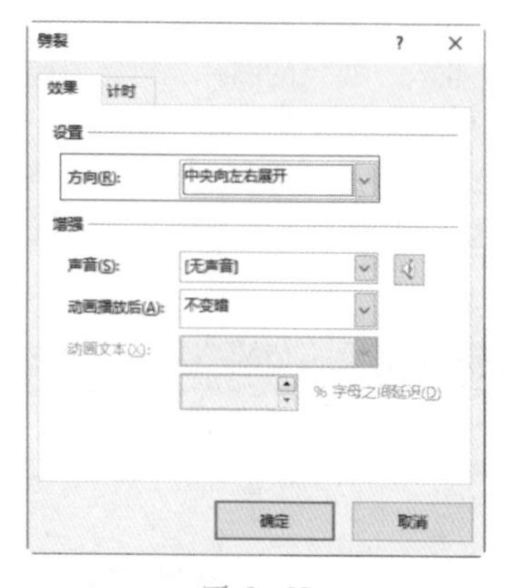


图 8-65

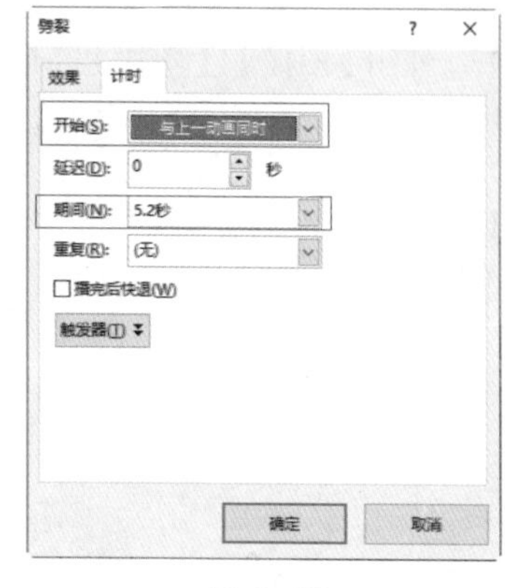


图 8-66

到此，卷轴动画效果完成，将文件保存为“卷轴效果 .pptx”。

如果要做出单向展开的效果，可以只设置一个卷轴沿动作路径运动，而图片则改为【进入】的【擦除】效果。

## 8.8.5 一个简单的倒计时动画

操作方法：

（1）新建空白演示文稿，然后执行【开始】|【幻灯片】|【版式】命令，在弹出的【Office 主题】窗口中单击【空白】主题，将演示文稿设置为空白演示文稿。

（2）插入一个圆形和一个文本框，文本框中输入 1，并将文本框和圆的中心对齐，如图 8-67 所示。

（3）选中文本框和圆，使用鼠标单击之，在弹出菜单中选择【组合】|【组合】命令，让圆和文本框组合成一个整体，如图 8-68 所示。

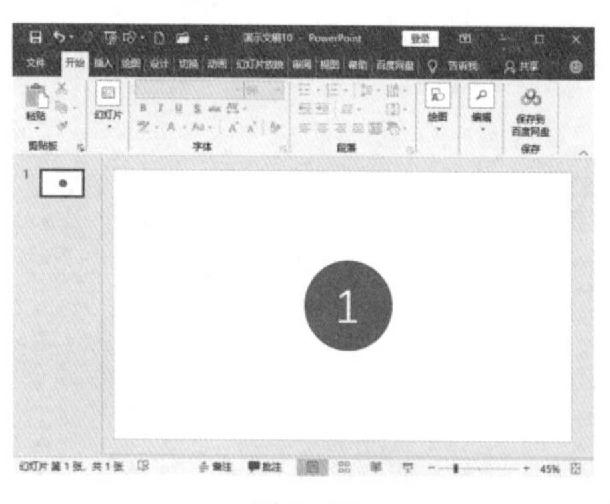


图 8-67

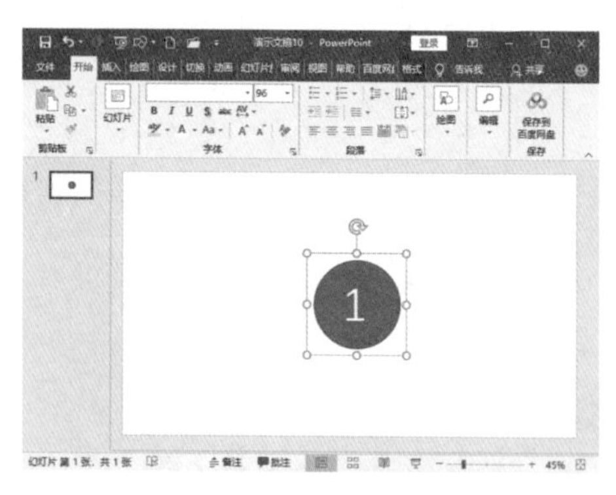


图 8-68

（4）复制图形组合。这里以 3 秒倒计时举例，按住 Ctrl，往右拖动两次将其复制 2 次。复制好以后，按照顺序把圆内的文字改成 2 和 3。这样，3 在最上层，2 在中间层，1

在最底层。如果顺序不对，在需要调整的组合上右击，在弹出的右键菜单中选择【置于顶层】、【置于底层】命令就可调整其顺序。

（5）全选三个组合图形，移动至幻灯片编辑区的正中央，结果如图 8-69 所示。也可以分别选中每个组合，在【格式】菜单选项卡的【排列】段落里单击选择【对齐】命令，在弹出的下拉菜单中先后选择【水平居中】和【垂直居中】命令，将倒计时图形调整到 PPT 中间。

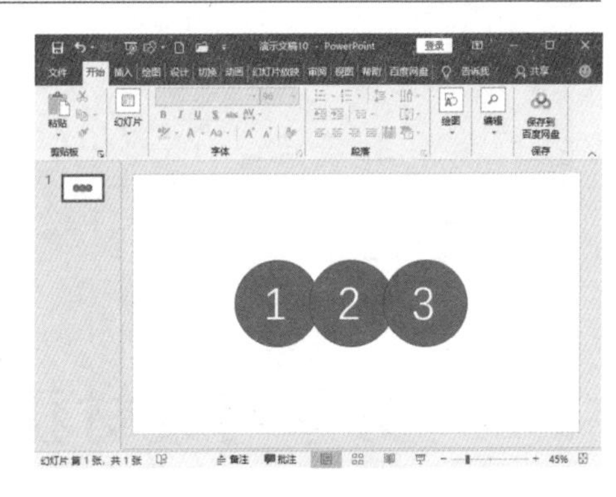

图 8-69

（6）使用【动画】|【高级动画】|【添加动画】命令，在打开的窗口中选择【退出】下的【轮子】动画，分别对每个组合图形添加退出动画【轮子】。

（7）分别选择每个组合图形，单击【动画】菜单选项卡的【动画】段落中的【显示其他效果选项】按钮，在打开的【轮子】对话框的【计时】选项卡标签中，将【期间】设置为【中速（2 秒）】，在【开始】下拉列表中选择【上一个动画之后】，如图 8-70 所示。结果如图 8-71 所示。

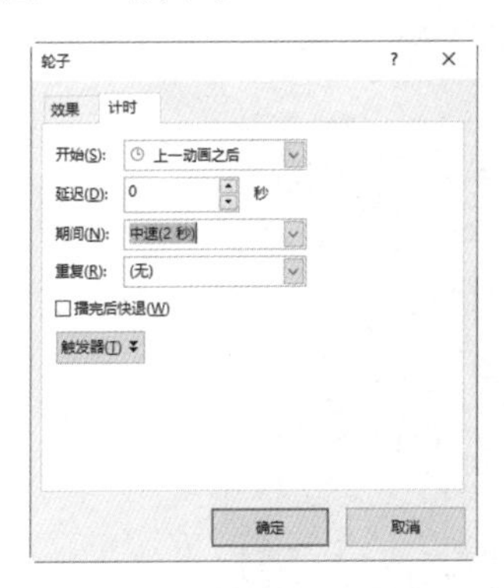

图 8-70

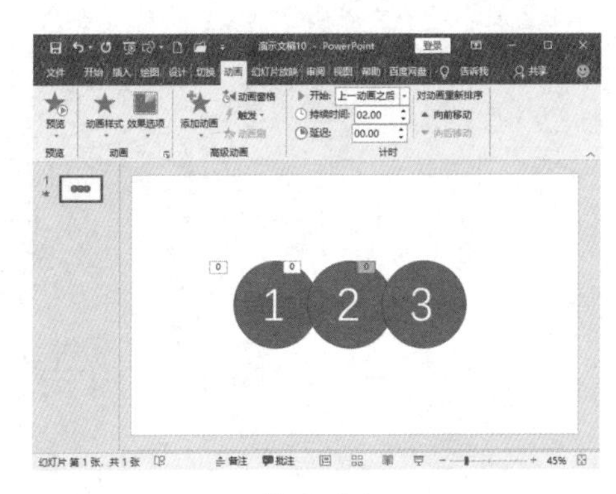

图 8-71

此时按 F5 键，就可以全屏播放测试一下效果了。播放结束，按 Esc 键返回到 PPT 编辑区窗口，最后将 PPT 保存为“倒计时动画 .pptx”。

# 第 9 章

# PPT 分享与素材获取

本章导读

# 9.1 了解PPT放映类型

PPT放映方式有以下几种：

### 1. 常规放映

在【幻灯片放映】菜单选项卡中，单击【开始放映幻灯片】段落中的【从头开始】按钮即可进入常规放映，如图9-1所示。幻灯片的播放会按照顺序逐个放映，直至放映到最后一片结束。

图9-1

常规放映的特点是操作简单，并且在整个播放过程中无须手动操作，幻灯片会自动播放完毕，在制作完成后想预览一下效果，常规放映是最直接简便的方法。

### 2. 控制放映

在【幻灯片放映】菜单选项卡中，任选一张幻灯片后单击【开始放映幻灯片】段落中的【从当前幻灯片开始】按钮即可控制幻灯片播放的起始位置，如图9-2所示。如果要停止播放，按一次Esc键后可以终止放映。

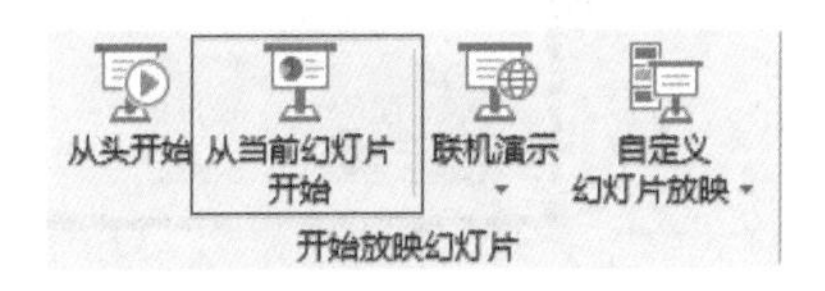


图9-2

控制播放的特点是灵活可控，可以根据需求任意选择起始播放的幻灯片。

### 3. 自定义放映

操作方法：

（1）在【幻灯片放映】菜单选项卡中，单击【开始放映幻灯片】段落中的【自定义放映】，在弹出的如图9-3所示的【自定义放映】对话框中单击【新建】按钮。

图9-3

（2）在打开的如图9-4所示的【定义自定义放映】对话框中，选中左侧的幻灯片后单击【添加】按钮将想要播放的幻灯片添加至右侧栏。

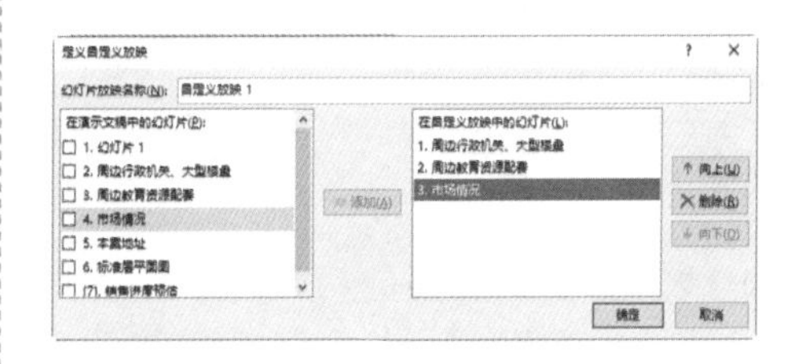

图9-4

（3）单击【确定】按钮返回到上一对话框中，单击【放映】按钮即可开始放映所选择的幻灯片，如图9-5所示。

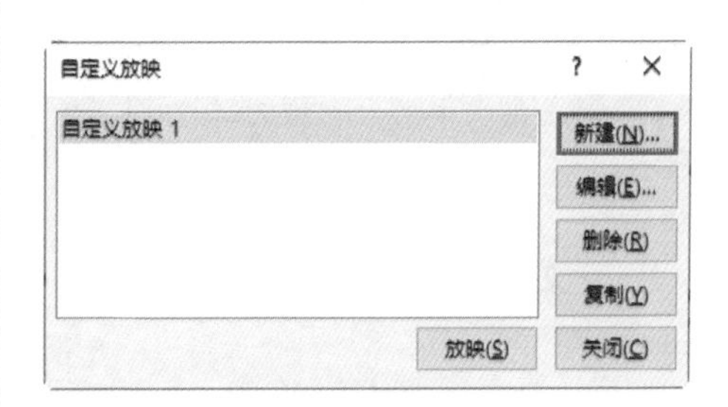


图9-5

自定义放映的特点是可以根据需求进行放映，可以将一个演示稿按顺序分割成几个部分，也可以交叉页码分割演示稿。

4. 联机演示

具体内容参见 9.4.3 节。

## 9.2 PPT 放映设置

打开“万象府台统计表 .pptx”演示文稿，讲解幻灯片放映的设置方法。

### 9.2.1 设置放映方式

操作方法：

（1）选择【幻灯片放映】菜单选项，单击【设置】段落中的【设置幻灯片放映】按钮，打开如图 9–6 所示的【设置放映方式】对话框。

（2）在该对话框中，可以对放映类型、放映选项、放映幻灯片的数量、推进幻灯片（也就是换片方式）、绘图笔颜色、激光笔颜色等进行设置。设置完毕，单击【确定】按钮即可。

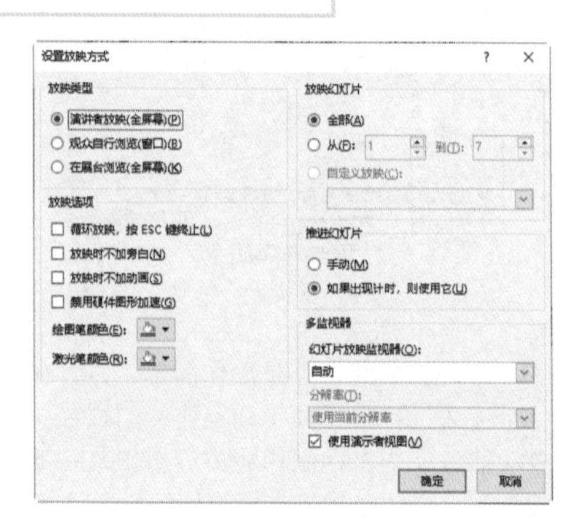


图 9–6

### 9.2.2 隐藏不放映的幻灯片

操作方法：

（1）在【幻灯片】窗格中选择需要隐藏的第 7 页幻灯片。

（2）在【幻灯片放映】|【设置】组中单击【隐藏幻灯片】按钮，即可隐藏幻灯片，如图 9–7 所示。被隐藏的幻灯片上将出现一条斜向下线标志。

（3）再次单击【隐藏幻灯片】便可将其重新显示。

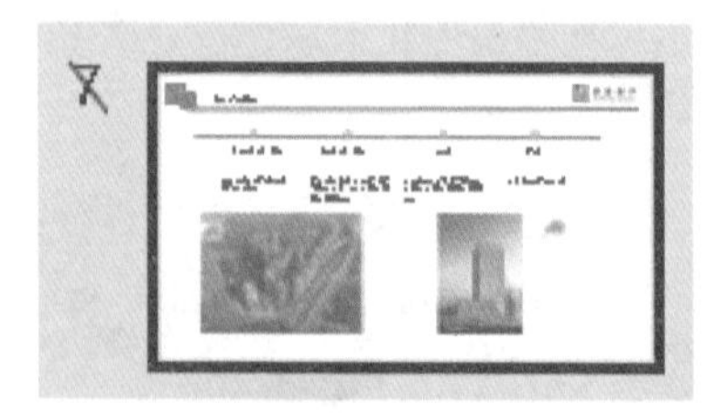

图 9–7

### 9.2.3 录制旁白

操作方法：

（1）在【幻灯片】窗格中选择需要录制旁白的幻灯片，这里单击选择第 2 页幻灯片。

（2）在【幻灯片放映】|【设置】段落中单击【录制幻灯片演示】按钮，在下拉

列表中选择【从当前幻灯片开始录制】，如图 9–8 所示。

（3）此时打开幻灯片放映模式，右下角出现照相机预览视频画面，如图 9–9 所示。

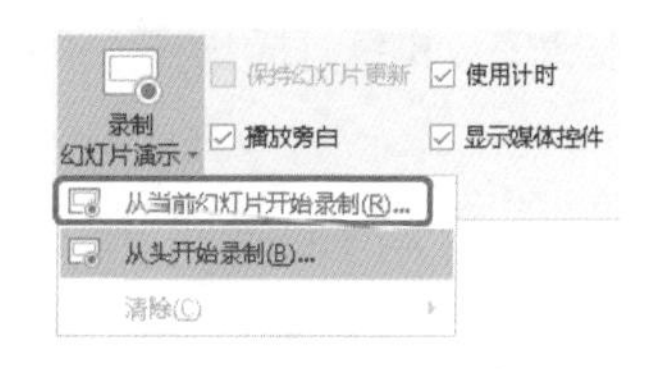


图 9–8

图 9–9

（4）单击左上角的【录制】按钮，开始录制旁白。

· 单击【停止】按钮停止录制旁白。

· 单击【重播】按钮，可预览所录制的旁白。

· 单击【暂停预览】，可暂停预览旁白。

· 单击【清除】按钮，在打开的下拉列表中可选择清除旁白记录，如图 9–10 所示。

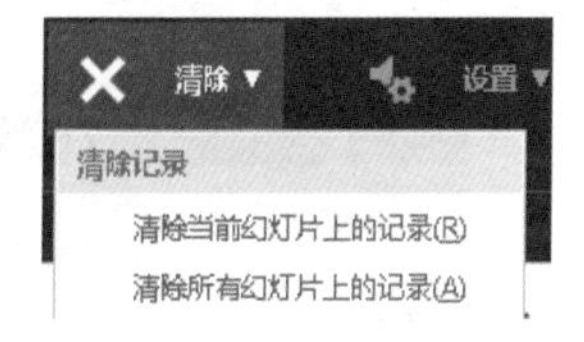


图 9–10

（5）单击 Esc 键，退出放映模式，返回到普通视图中。

## 9.2.4 设置排练计时

**操作方法：**

（1）在【幻灯片放映】|【设置】段落中单击【排练计时】按钮，进入放映排练状态，并在放映左上角打开【录制】工具栏，如图 9–11 所示。

（2）开始放映幻灯片，单击【录制】工具栏中的【下一页】按钮，幻灯片在人工控制下不断进行切换，同时在【录制】工具栏中进行计时，如图 9–12 所示。

图 9–11

（3）计时完成后，弹出如图 9–13 所示的提示框确认是否保留排练计时，单击【是】

按钮完成排练计时操作，返回到演示文稿的普通视图中。

图 9–12

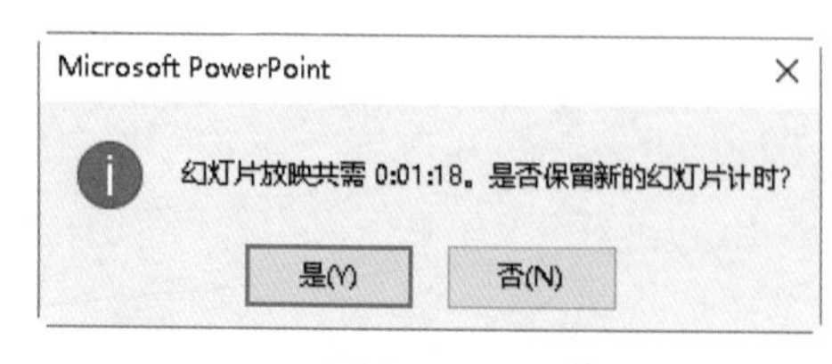


图 9–13

## 9.2.5 设置幻灯片切换动画

借助【切换】菜单选项卡设置切换动画，作为页面之间的整体过渡效果，可以使得两张幻灯片之间衔接得特别好，就像有什么特殊的功能在帮助它们完成过渡，使幻灯片具有完美的效果。

简单而言，幻灯片的切换动画，就是实现幻灯片的进入动画，好比翻书的时候来一个特效翻页。

### 1. 添加切换效果

操作方法:

（1）打开“万象府台统计表 .pptx”，切换到【切换】菜单选项卡，此时在【切换到此幻灯片】段落显示幻灯片【无】切换效果，如图 9–14 所示。

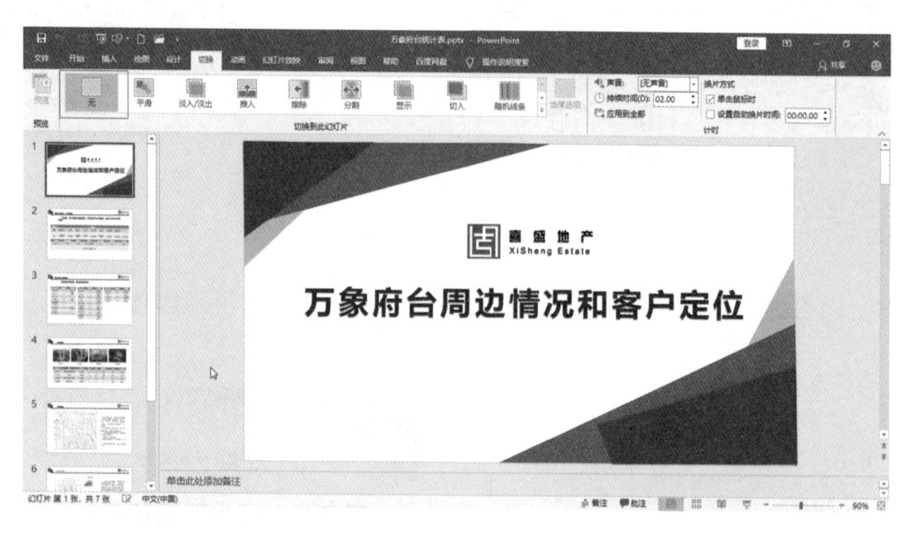


图 9–14

（2）在【切换到此幻灯片】段落中，单击右下角的【其他】按钮，在下拉列表中，选择合适的切换方式，比如【细微】下的【闪光】，如图 9–15 所示。

（3）如果希望所有的幻灯应用同一种切换效果，则单击【计时】段落中的【应用到全部】按钮 应用到全部，如图 9–16 所示。

图 9-15

单击 F5 键按钮，从头观看幻灯片的实际使用效果；按 Shift+F5 组合键，从当前幻灯片开始放映。

2. 设置切换速度

操作方法：

在【切换】菜单选项卡的【计时】段落中，在【持续时间】文本输入框中设置时间设置为 3 秒，可以完成切换速度持续时间的设置；【换片方式】中选择【设置自动换片时间】为 0，如图 9-17 所示。再次单击【应用到全部】按钮，此时【幻灯片放映】效果即为自动倒计时效果。

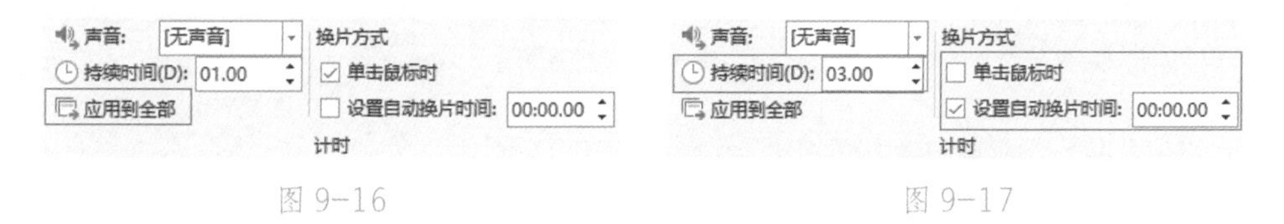


图 9-16　　　　图 9-17

3. 删除切换效果

如果对所设置的切换不喜欢或者想要删除，在【切换】菜单选项卡的【切换到此幻灯片】段落中单击效果【无】即可，如图 9-18 所示。

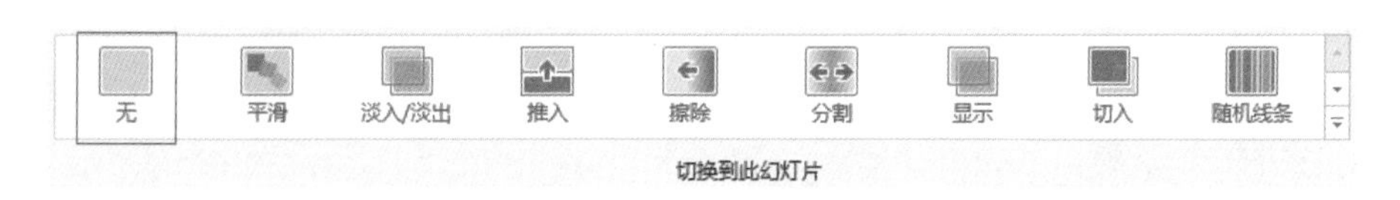


图 9-18

## 9.3 PPT 放映

针对上一节打开的“万象府台统计表.pptx”演示文稿，继续讲解 PPT 放映的操作方法。

### 9.3.1 开始放映

· 在【幻灯片放映】|【开始放映幻灯片】段落中单击【从头开始】按钮或按 F5 键，将从第 1 张幻灯片开始放映。

· 在【幻灯片放映】|【开始放映幻灯片】段落中单击【从当前幻灯片开始】按钮或按 Shift+F5 组合键，将从当前选择的幻灯片开始放映。

· 单击状态栏右侧的【幻灯片放映】按钮，将从当前幻灯片开始放映。

### 9.3.2 切换放映

在放映需要讲解和介绍的演示文稿时，如课件类、会议类演示文稿，经常需要切换到上一张或切换到下一张幻灯片，此时就需要使用幻灯片放映的切换功能。

· 切换到上一张幻灯片：按 Page Up 键、按←键或按 Backspace 键。

· 切换到下一张幻灯片：单击鼠标左键、按空格键、按 Enter 键或按→键。

### 9.3.3 在放映时添加标注

操作方法：

（1）在幻灯片放映过程中，单击鼠标右键，在弹出的如图 9-19 所示的菜单中选择“指针选项”命令，在其子菜单中可以选择添加墨迹注释的笔型：激光笔、笔或荧光笔，选择【箭头选项】可以设置显示或隐藏指针。

（2）选择“墨迹颜色”命令，在其子菜单中选择一种颜色。

设置好后，按住鼠标左键在幻灯片中拖动，即可书写或绘图。

图 9-19

### 9.3.4 放映过程中的控制

在幻灯片的放映过程中，有时需要对某一幻灯片进行更多的说明和讲解，此时可以暂停该幻灯片的放映：

· 可以直接按 S 键或 + 键暂停放映。

· 也可在需暂停的幻灯片中单击鼠标右键，在弹出的快捷菜单中选择【暂停】命令，如图 9-20 所示。

此外，在右键快捷菜单中还可以选择【指针选项】命令，在其子菜单中选择【笔】或【荧光笔】命令，如图 9-21 所示，对幻灯片中的重要内容做标记。

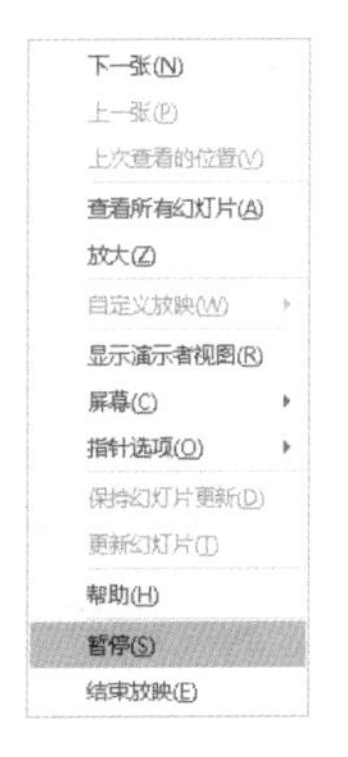


图 9-20

图 9-21

## 9.4 PPT 的打包、发送与联机演示

### 9.4.1 打包演示文稿

操作方法：

（1）选择【文件】|【导出】命令，打开【导出】界面。

（2）选择【将演示文稿打包成 CD】选项，在打开的列表中单击【打包成 CD】按钮，如图 9-22 所示。

（3）此时打开【打包成 CD】对话框，如图 9-23 所示。

· 在其中可以选择【添加】按钮，可添加多个演示文稿进行打包。

· 单击【选项】按钮，在打开的【选项】对话框中可输入密码，然后单击【确定】按钮，对打包文件进行保护，如图 9-24 所示。

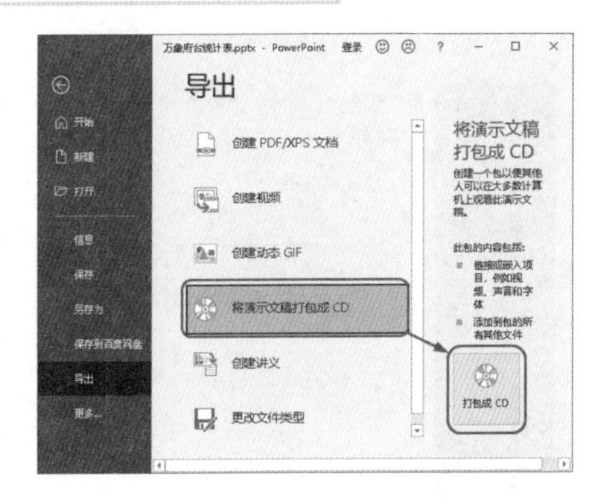


图 9-22

图 9-23

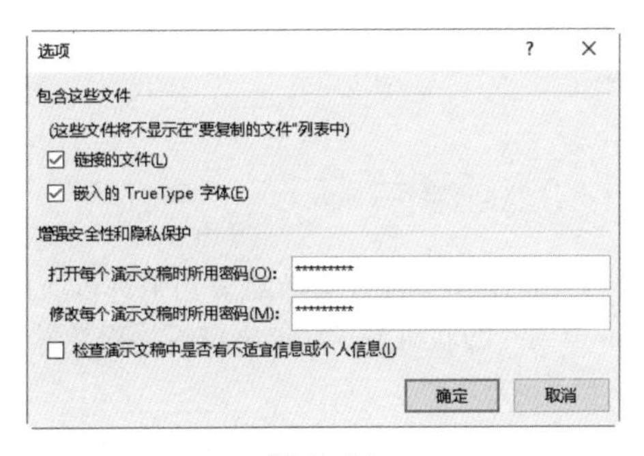


图 9-24

·同时还可以单击【复制到文件夹】按钮，在打开的【复制到文件夹】对话框中设置文件夹名称和存放的位置，然后单击【确定】按钮。

·如果要在打包文件中包含演示文稿中的所有链接文件，则单击【复制】按钮，在打开的提示对话框中单击【是】按钮，如图 9–25 所示。如果光驱中没有放置 CD 盘，则会弹出如图 9–26 所示提示对话框。

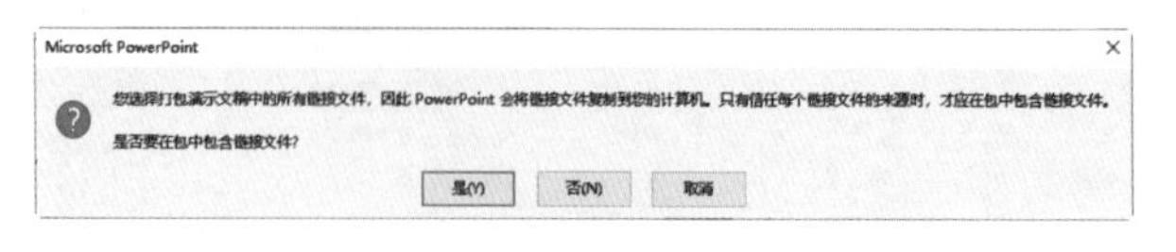


图 9–25

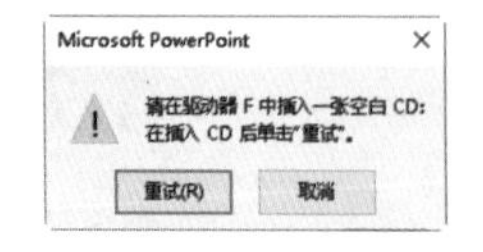


图 9–26

（4）最后单击【打包成 CD】对话框中的【确定】按钮，即可进行打包操作。

### 9.4.2 将演示文稿以电子邮件发送

操作方法：

（1）选择【文件】|【共享】命令，打开【共享】界面，如图 9–27 所示。

（2）选择【电子邮件】选项，然后在打开的列表中单击【作为附件发送】按钮，如图 9–28 所示。

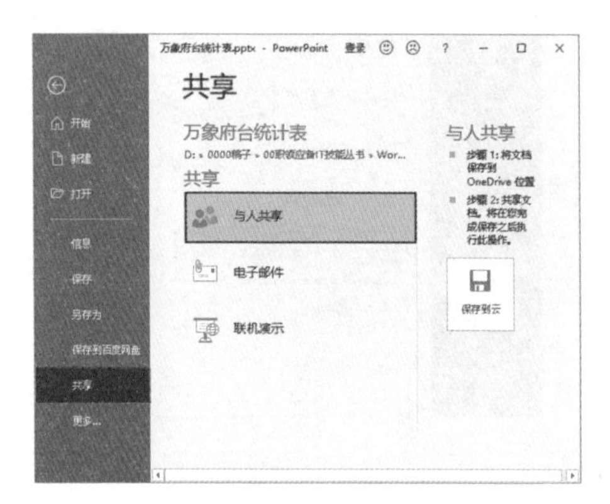


图 9–27

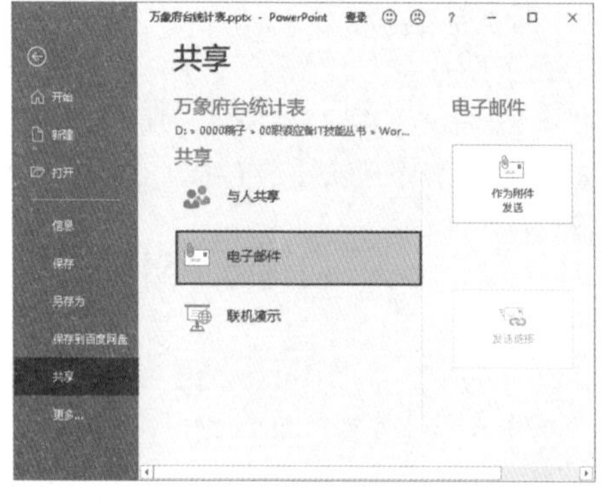


图 9–28

（3）在打开的提示对话框中成功添加 Outlook 邮件后，便可进行邮件的编辑与发送操作。

### 9.4.3 联机演示

日常工作中常常会借助于 PPT 进行演示，而相关人员无法到场参加时，就可以使用 PowerPoint 的联机演示功能来进行远程教学或培训。

操作方法：

（1）选择【文件】|【共享】命令，打开【共享】界面。

（2）选择【联机演示】选项，然后在打开的列表中单击选中【允许远程查看者下载此演示】选项，然后单击【联机演示】按钮，如图 9–29 所示。

（3）在打开的【联机演示】对话框中，选中【允许远程查看者下载此演示】选项，然后单击【连接】按钮，如图 9–30 所示。

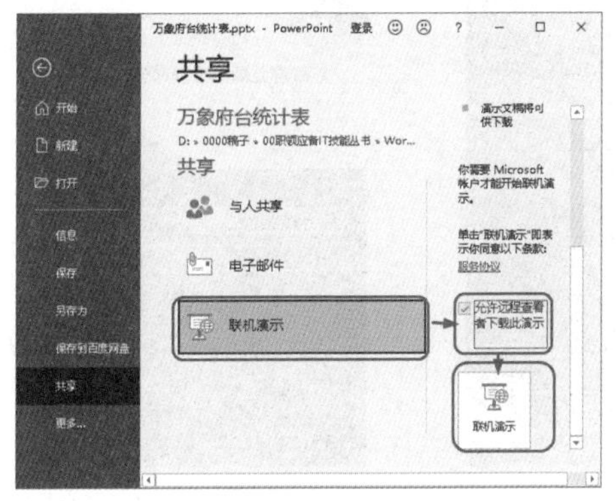
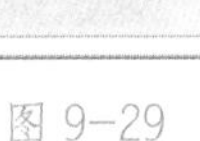


图 9–29

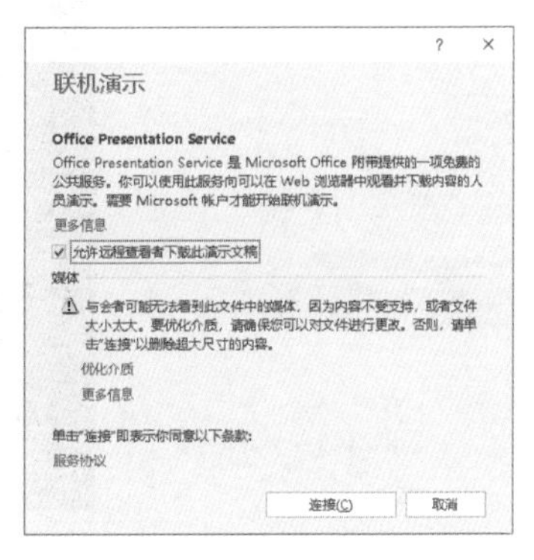


图 9–30

（4）此时打开如图 9–31 所示对话页面，输入要用来打开演示文稿的账户，比如安装 Office 时注册的电子邮件，然后单击【下一步】按钮。

（5）系统提示在准备联机演示文稿，如图 9–32 所示。

图 9–31

图 9–32

提示： 如果读者已经使用账户登录了 PowerPoint，那么就会略过图 9–31 和图 9–32 所示画面。

（6）单击【复制链接】按钮，分享联机演示链接，如图 9–33 所示。可以通过邮件或 QQ、微信等发送联机演示链接。

（7）接收者手机端或平板端单击收到的联机演示链接，与演示者进行调试，如图 9–34 所示。

（8）演示者单击【开始演示】，即可同步演示，如图 9–35 所示。

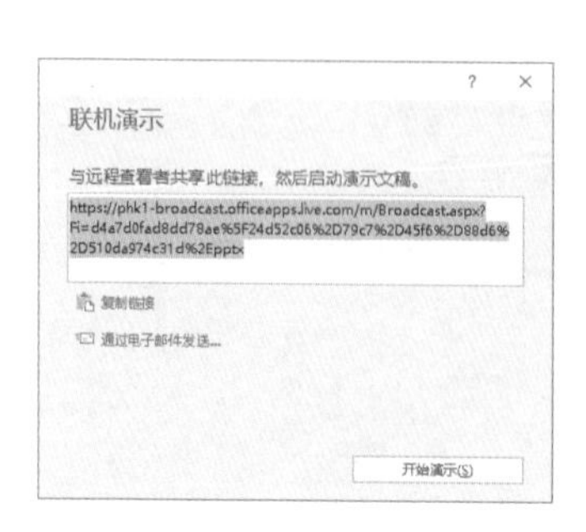


图 9-33

图 9-34

图 9-35

## 9.5 怎样将幻灯片保存为图片

可以将幻灯片保存为图片，将其应用到其他应用程序中，比如应用到 Word 中：

（1）切换到要保存为图片的幻灯片，然后执行【文件】|【另存为】命令，打开【另存为】界面，单击【浏览】按钮，弹出【另存为】对话框。

（2）选择要保存图片的位置并在【文件名】文本框中输入要保存的文件名称，在【保存类型】列表中选择所需的图形格式，比如【JPEG 文件交换格式】，然后单击【保存】按钮即可如图 9-36 所示。

（3）系统弹出如图 9-37 所示对话框。

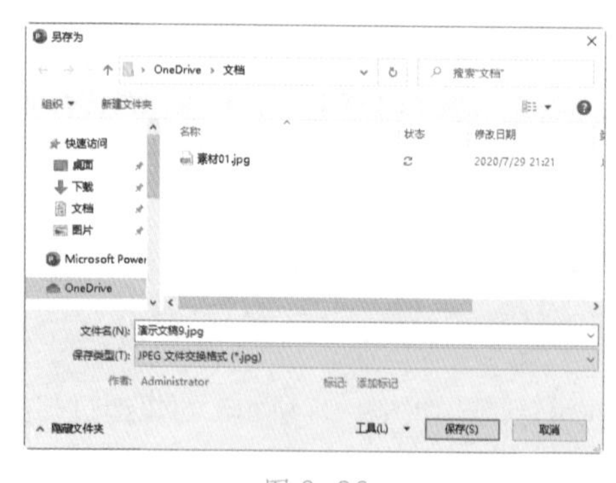


图 9-36

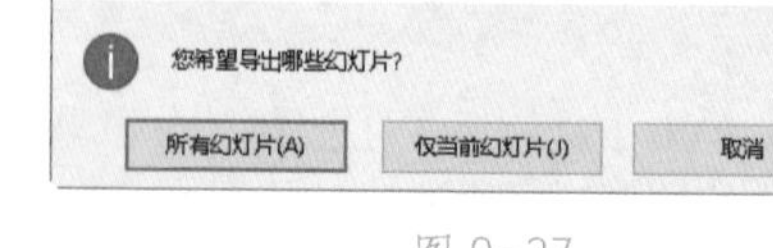


图 9-37

· 如果只保存当前幻灯片，则选择【仅当前幻灯片】。

如果要保存演示文稿中的所有幻灯片，则选择【所有幻灯片】。

## 9.6 播放幻灯片时怎样在幻灯片文稿上加入文字

有时候在 PowerPoint 中播放幻灯片文稿时，想在其中同时加入一些文字时，该怎么办？

（1）只要在播放演示文稿的同时，单击鼠标右键，在弹出的菜单中选择【指针选项】中的【笔】选项，此时指针会自动变成一支画笔的形状。

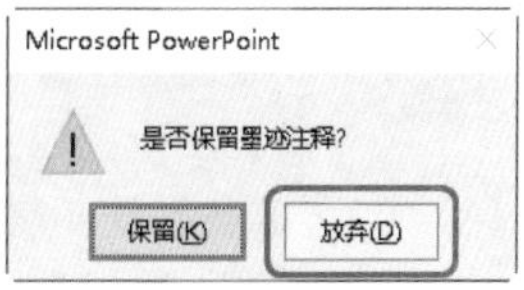

（2）按住鼠标左键，就可以随意书写文字了。

（3）如果要结束该项操作，可以直接按 Esc 键，在打开的如图 9–38 所示对话框中选择【放弃】，幻灯片会继续播放。

Microsoft PowerPoint

是否保留墨迹注释?

保留(K)　放弃(D)

图 9–38

## 9.7 怎样将 PowerPoint 文件转化为视频文件

要把 PowerPoint 演示文稿转化为流媒体文件，这需要一个具有此转化功能的工具。“狸窝 PowerPoint 转换器”就能实现将 PPT 转换为视频文件的功能。

只要是 PowerPoint 做出来的格式，例如 PPT，PPTX，PPS，使用“狸窝 PowerPoint 转换器”都可以完美地转换成所有流行的视频格式，并且不用担心转换出来的效果丢失或者出现原 PPT 中的视频声音消失的现象，你转换什么效果的 PPT，出来的就是什么效果的 PPT 视频。

## 9.8 PPT 的宣讲技巧

### 1. 做足准备工作

在制作演讲类 PPT 之前，应该做好哪些准备工作呢？

（1）确定目标。弄清楚“我为什么要做这个演示”，而不是“我要在这个演示中做什么”。

（2）充分分析听众。对听众背景、听众立场、兴奋点和兴趣点进行仔细的分析了解。

（3）充分了解全部状况。对演讲现场的基本情况做一个详尽的了解，比如，会场环境、举行时间、现场设备和会议全流程等，做到心中有数。

（4）寻找合适的素材：

· 选择有力支持观点的素材。

· 选择自己有切身感受的素材。

· 选择有冲击力的素材。

· 选择有真实感的素材。

· 选择经受得住检验的素材。

（5）写下完整的演讲词：

· 把想说的写下来。

· 把写的背下来。

· 按自己的理解去讲。

（6）使用标准的开场白：

· 礼貌的欢迎。

· 自我介绍。

· 简明扼要地阐述自己的意图。

（7）准备好演示辅助工具：比如演讲要点小卡片、白板、指示笔、用于拍摄的数码相机、投影仪、笔记本、麦克风、U 盘等，并掌握它们的使用方法。

2. 注意细节

演讲时勿站在观众和屏幕中间，也不要回头看幻灯片切换。

切忌突然跳过幻灯片或者回翻幻灯片这样唐突的动作。

## 9.9 获取素材

在制作 PPT 时，寻找素材是相当耗费时间的，有时候还找不到满意的素材，非常麻烦。

本节整理了部分好用的素材网站，包括图标、图片、样机等，这样在制作 PPT 的时候再也不怕找不到优质的素材了。

### 9.9.1 图标类网站

1. Emojipedia

其网址为 https://emojipedia.org，这个网站收录了海量的 emoji 表情，如图 9–39 所示。

而且，一个表情就有很多种样式，如图 9–40 所示。

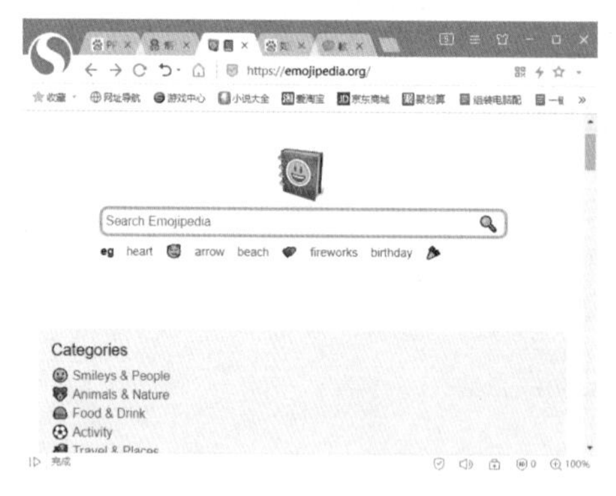


图 9–39

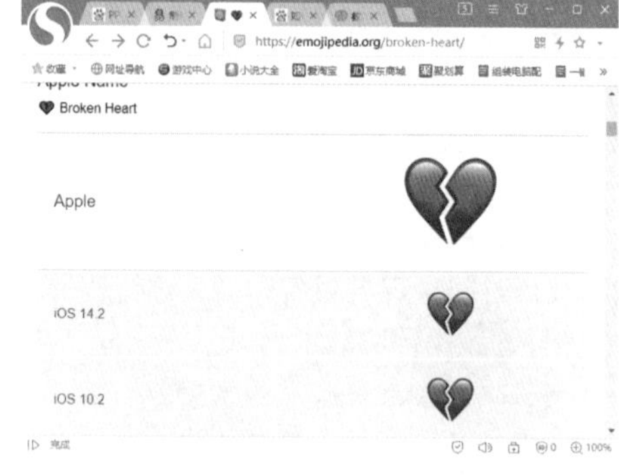


图 9–40

2. Iconfinder

其网址为 https://www.iconfinder.com，该网站拥有超过 500 万的免费素材可以获取使用，如图 9–41 所示。

如果想要制作一套3D风格的PPT，在网上很难找到风格统一的图标，但是在这个网站，所有的3D素材，都按照风格进行了分类，并且质量也很高，如图9-42所示。

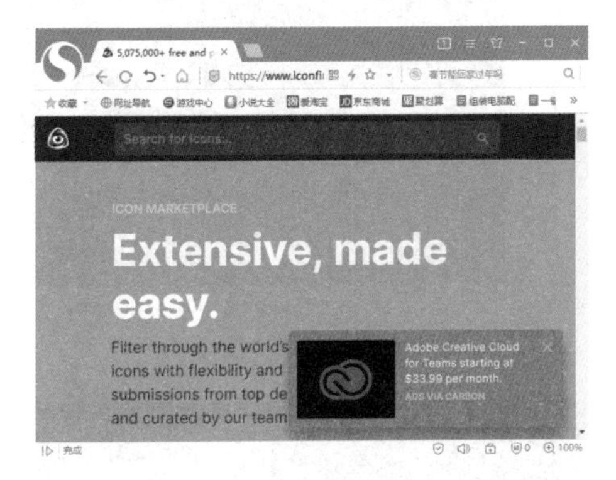


图9-41

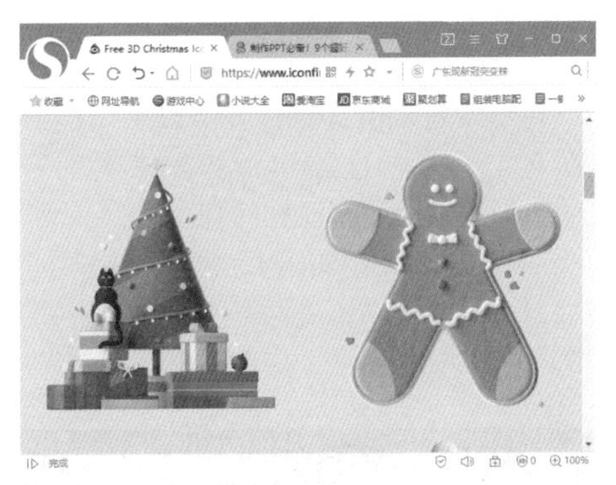

图9-42

下载时，还有各种大小和格式可供选择，如图9-43所示。

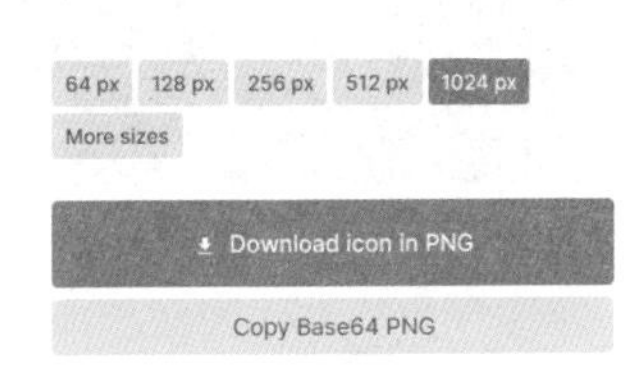


图9-43

## 9.9.2 图片、视频和PPT模板类网站

### 1. Foodiesfeed

其网址为 https://www.foodiesfeed.com，这个网站里，全部是一些美食的图片，数量很是丰富，如图9-44所示。

里面的图片素材，都可以免费下载，如图9-45所示。

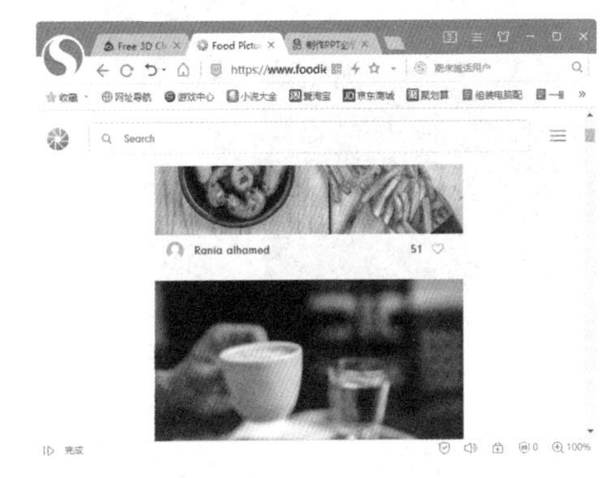


图9-44

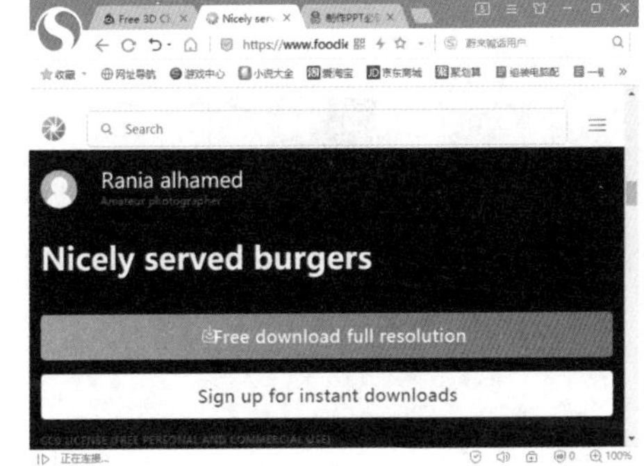


图9-45

### 2. NASA图片和视频库

其网址为 https://images.nasa.gov，这是专门提供星球宇宙图库的网站，素材一流，而

且还提供视频素材，如图 9-46 所示。

无论作为爱好者，还是培养小孩子兴趣爱好，这是绝佳的素材、资料。相比起媒体上筛选过后的照片，这里的内容非常丰富。

每个素材都有详细的介绍以及完整下载，比如图 9-47 所示的这张国际空间站照片。虽然是英文的，但可以使用翻译软件翻译。

当搜索某个关键词时，能够按照时间顺序来筛选。并且，该网站还提供了不同的尺寸可供下载，如图 9-48 所示。

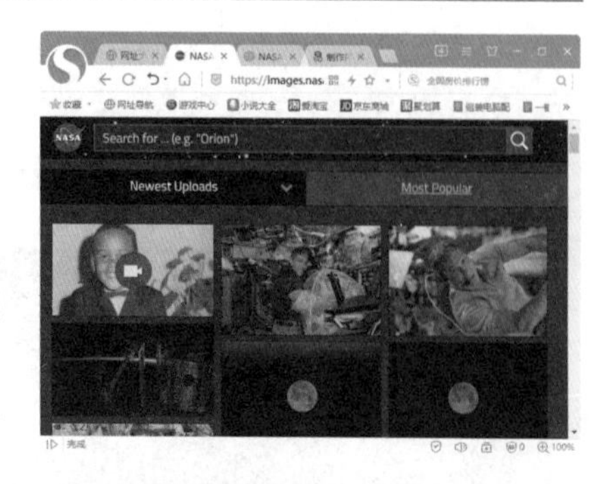


图 9-46

图 9-47

图 9-48

3. Canva 可画

其网址为 https://www.canva.cn，该网站拥有 5000 万优质版权图库，其内容和质量都很棒。从金融到广告，从国企到外企，从年终总结到小组汇报……不论是什么场景、什么行业的模板，都能在这个网站上找到，还有各种免费的字体和 icon，可以在线编辑、团队协同，非常方便，如图 9-49 所示。

可以导出多种文件格式和尺寸，有效避免文件丢失或乱码。可以直接导出链接，还可以进行在线编辑，如图 9-50 所示，很贴心。

图 9-49

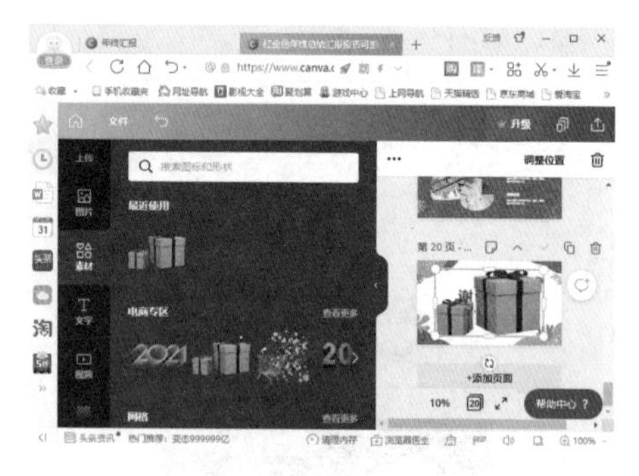

图 9-50

4. 创客贴 Chuangkit

其网址为 https://www.chuangkit.com，该网站是一个老牌的设计网站，不过目前也开始做 PPT 设计了，如图 9-51 所示。

里面的大部分 PPT 模板，都可以免费使用，而且全部支持在线编辑。几乎各种各样的素材都能够在该网站找到插画、icon、艺术字体、形状、图表、背景图、配图，还有各种框线箭头，几乎把我们能想到的所有素材工具都集合在了一起。

5. 吾道幻灯片

其网址为 https://www.woodo.cn，该网站不仅可以免费下载简历模板，而且还支持在线编辑，PPT 新手都可以轻松上手，做出好看又优质的 PPT，如图 9-52 所示。

相比于传统的 PPT 模板网站，该网站的强大还远不止这些。首先，它里面的所有模板都支持在线编辑，如图 9-53 所示，操作步骤跟 Power point 差不多，而且还内嵌了很多免费的字体和素材。

图 9-51

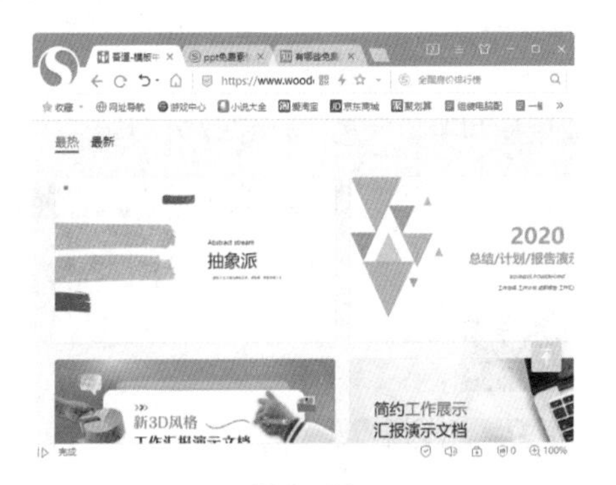


图 9-52

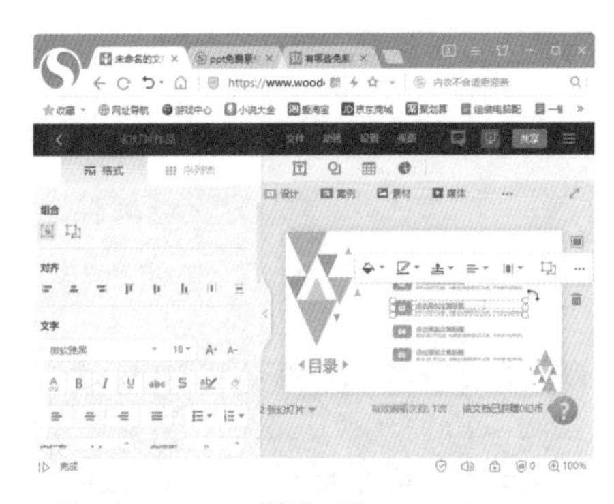


图 9-53

特别是内嵌的免费素材库，如图 9-54 所示，这点对于工作效率的提升有很大帮助，且目前该网站集合的在线素材库功能，可以说非常完美地解决了许多素材网站收费、无版权的问题。

6. Office Plus

该网站的网址为 http://www.officeplus.cn/Template/Home.shtml，这是一个很棒的 PPT 模板网站，而且出自微软官方，如图 9-55 所示。

图 9-54

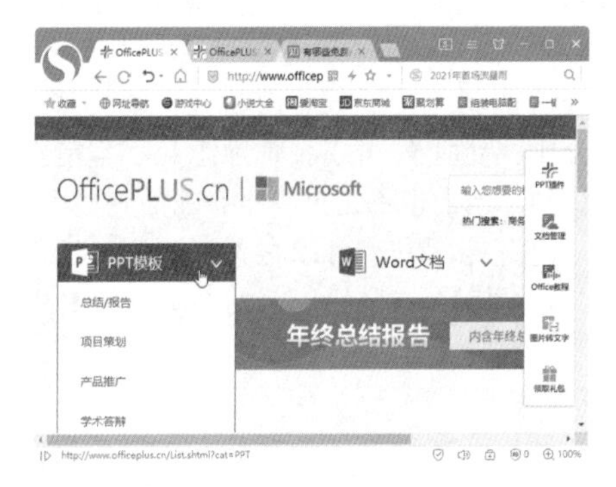


图 9-55

该网站提供了非常多的免费 PPT 模板下载，除此之外，网站内部还有论文、简历、Excel 的模板可以下载，非常实用。而且 Office 还提供了 Power Point 的插件，可以直接在 Power Point 上无缝插入平台上的模板，非常便捷。

7. 稿定设计

其网址为 https://www.gaoding.com，该网站不仅可以在线做海报，而且还支持在线 PS，也支持 PPT 在线编辑和下载，如图 9-56 所示。

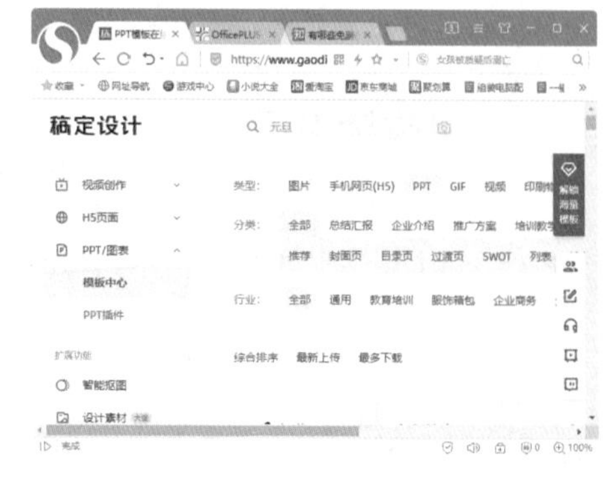

图 9-56

8. Pixabay

其网址为 https://pixabay.com，该网站是国外一家无版权图片素材网站，拥有超过 1,900,000 张优质图片和视频素材，而且质量很高。更重要的是，它还支持中文搜索，如图 9-57 所示。

选中图片之后，还会显示是否可以用作商业用途和图片信息，如图 9-58 所示。

图 9-57

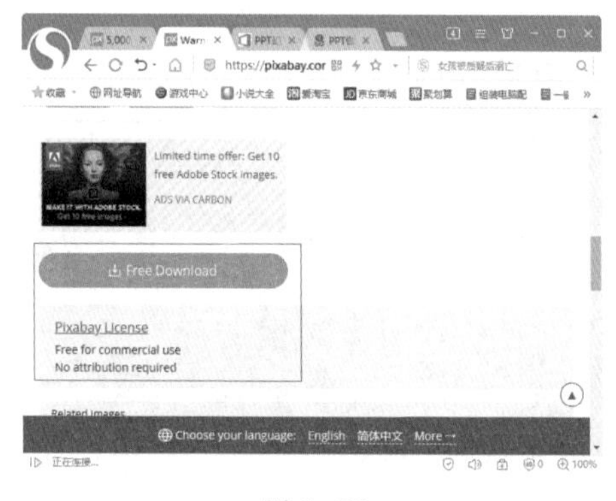


图 9-58

9. 60Logo 办公资源网

其网址为 https://www.60logo.com，该网站是一个中文网站，收录超过 100,000 个企业品牌 Logo，而这些标志都是矢量图格式(.SVG)，搜索后就能免费下载。因为是中国网站，大部分中国企业公司或品牌标志几乎都能在这里找到，当中也不乏世界级企业品牌标志。

打开该网站，可以在首页找到最近热门的 Logo 图案，或随机展示的 Logo，如图 9-59 所示，当然最快的方法是直接输入品牌名称进行搜索。

该网站还提供了大量的 PPT 模板可供下

图 9-59

载使用，如图 9–60 所示。

10. Freepik

其网址为 https://www.freepik.com，该网站是一个免费的矢量图、图片、PSD 素材下载网站，目前收录的素材数量已超过 1,400,000 万个，而且素材的质量也很高。

支持中文搜索，比如搜索“丝带”，可以得到众多如图 9–61 所示素材。

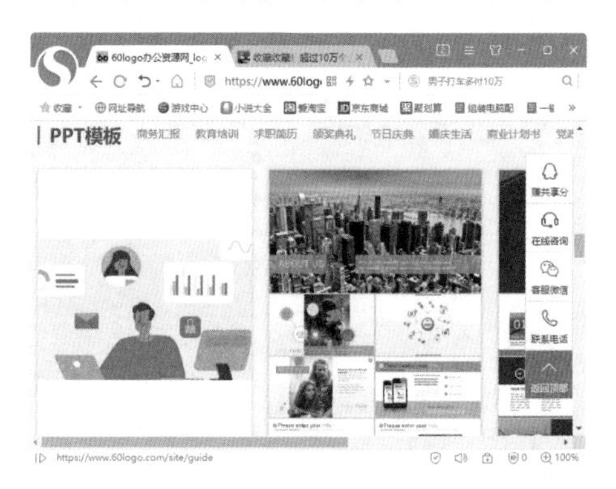


图 9–60

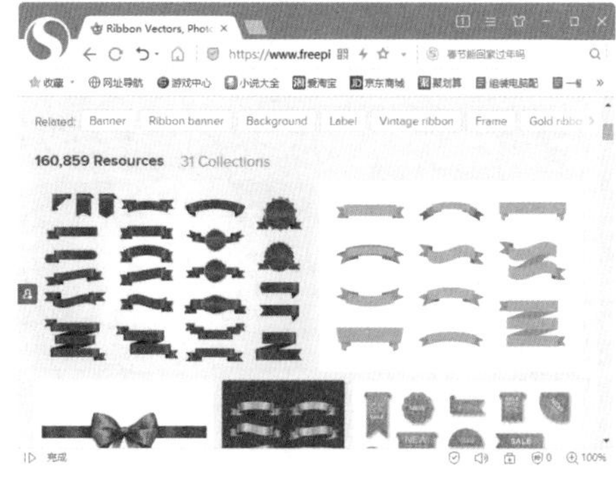


图 9–61

搜索“科技”，就能得到超多的科技感的素材，深色浅色都有，如图 9–62 所示。

11. 镝数图表

其网址为 https://dycharts.com，该网站集数据收集、处理和呈现为一体，如图 9–63 所示。

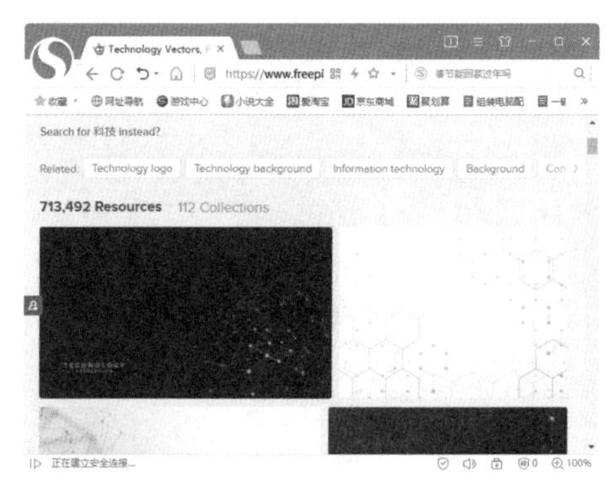

图 9–62

图 9–63

该网站图表类型多种多样，目前有 90 多个，几乎可以覆盖所有图表的需求了，如图 9–64 所示。

操作很简单，打开图表，直接复制数据，替换掉模拟的数据即可。而且这些图表都可以保存为 SVG 格式，这样，无论背景是什么颜色，无论怎么放大，都能很好地融合进 PPT 且很清晰。

图 9-64